U0585079

民勤生态公益林区动植物图鉴

张世虎　马维伟　主编

中国林业出版社
China Forestry Publishing House

图书在版编目（CIP）数据

民勤生态公益林区动植物图鉴 / 张世虎, 马维伟主
编. -- 北京 : 中国林业出版社, 2024. 8. -- ISBN 978-
7-5219-2866-2

Ⅰ. Q958.524.24-64；Q948.524.24-64

中国国家版本馆CIP数据核字第2024AV9603号

策划编辑：肖静
责任编辑：肖静　刘煜
装帧设计：北京八度出版服务机构
————————————

出版发行：中国林业出版社
　　　　（100009，北京市西城区刘海胡同 7 号，电话 83143577）
电子邮箱：cfphzbs@163.com
网址：https://www.cfph.net
印刷：北京中科印刷有限公司
版次：2024 年 8 月第 1 版
印次：2024 年 8 月第 1 次
开本：787mm×1092mm　1/16
印张：10.5
字数：146 千字
定价：108.00 元

《民勤生态公益林区动植物图鉴》

编辑委员会

主　编

张世虎　马维伟

编　委

张世虎　马维伟　方向杰　李　广

姜有恒　鲁松松　杜维波

生态文明建设是中国特色社会主义事业的重要内容，关系人民福祉，关乎民族未来。党的十八大以来，在习近平生态文明思想引领下，我国生态文明建设进入新阶段。习近平总书记多次强调，"生态兴则文明兴，生态衰则文明衰"。2023年6月，习近平总书记在内蒙古巴彦淖尔考察并主持召开加强荒漠化综合防治和推进"三北"等重点生态工程建设座谈会时强调，"要勇担使命、不畏艰辛、久久为功，努力创造新时代中国防沙治沙新奇迹"。同年9月22日，国家林业和草原局局长关志鸥同志在河西走廊—塔克拉玛干沙漠边缘阻击战专题调研座谈会指出，要进行技术和模式创新，总结以往好的经验模式，选育和推广一批耐干旱、耐瘠薄、耐盐碱、抗风沙的乡土树种、草种。

民勤县地处石羊河流域中下游，是西北荒漠区生态恶化最明显、植被退化最严重、水资源供需矛盾最突出、治理过程最艰难的地区之一，同时也是当下国内社会关注度最高的生态脆弱区。面对日益恶化的生态环境，民勤县进行了大规模治沙造林，在408km风沙线上，营造了逾300km的防风固沙体系，有效治理风沙口191个，发明了不同类型植物工程治沙措施，阻截流沙、防止荒漠化的发展，建立了约33.21万公顷生态公益林，有效减少了沙尘天气发生，使区域小气候不断改善，风沙危害逐步降低，为石羊河流域和民勤生态环境的治理作出了积极贡献。

本书以《中国植物志》和 Flora of China 为基础，结合《甘肃植物志（第二卷）》，采用《中国植物志》和《中国动物志》的分类系统，系统调查和整理了民勤生态公益林区动植物分布情况，总计收录动植物138种。脊椎动物24科29属35种，其中爬行纲3科3属3种，鸟纲15科18属24种，哺乳纲6科8属8种；国家重点保护野生动物3种，省级重点保护野生动物2种。维管植物30科80属103种，其中蕨类植物1科1属1种，裸子植物2科2属2种，被子植物27科77属100种；中国特有物种5种；国家重点保护野生植物4种。

民勤县作为"一带一路"的重要节点，属于西鄂尔多斯—贺兰山—阴山生物多样性保护优先区域，是筑牢国家西部生态安全屏障的战略区域，加强区域生物多样性的调查，对践行"绿水青山就是金山银山"的理念，以及建设美丽中国、美丽甘肃提供科技支撑。

本书的编写得到甘肃农业大学林学院和民勤县林业和草原局的支持与帮助。王和春、拾趣、老侯、郑直、杨清峰、李启旺、栗纸等人为本书提供了部分动物照片。本书的出版也得到了甘肃省委组织部2024年重点人才项目、民勤县公益林建设成效和生态效益评估技术服务项目等基金的资助。在此对以上单位和个人一并致以诚挚的谢意。

限于知识水平，错误和不足之处在所难免，恳请批评指正。

编者

2023年9月

目录

动 物

概

述

民勤县位于河西走廊东北部、石羊河流域下游，东、西、北三面被腾格里和巴丹吉林两大沙漠包围，处于国家"三屏四带"生态安全战略格局中的"北方防沙带"，是阻止两大沙漠合拢的重要绿色屏障。根据《甘肃省生态功能区划（修编）》，民勤县属于国家重点生态功能区——祁连山冰川与水源涵养生态功能区及甘肃省限制开发区域重点生态功能区石羊河下游生态保护治理区。其功能区划为内蒙古中西部干旱荒漠生态区腾格里沙漠生态亚区绿洲两侧沙漠化重点控制功能生态功能区。民勤县人口集聚度空间较低，自然灾害危险性低，生态系统脆弱，该区域水系属于内陆河流域——石羊河流域水系。

根据《甘肃植被》，民勤县在植被区划上属于温带荒漠植被区域河西走廊东部温带荒漠植被区走廊东部–阿拉善草原化荒漠植被小区。在生物气候类型上属于暖温少雨且有半年以上旱季，年均气温7℃～8℃，而最热月均气温>20℃，冷季均温却在零度以下。降水量较少，年降水量仅有50～200mm，有半年以上旱季。≥10℃积温3000℃左右，霜期150～200天，湿润度0.04～0.08。植被以荒漠类型为主。除绿洲外，主要植物在丘陵坡地，以红砂（*Reaumuria songarica*）为优势种，另外还混生有短花针茅（*Stipa breviflora*），表现为荒漠草原类型。在流沙边缘的半固定沙丘上，则以白刺（*Nitraria tangutorum*）、柽柳属（*Tamarix*）为主；固定沙丘梭梭（*Haloxylon ammodendron*）很常见；黏土荒漠则以骆驼刺（*Alhagi sparsifolia*）为优势物种。

本区域的植被类型，除草原化荒漠类型外，还广泛分布着沙生植被与盐生植被类型。草原化荒漠类型中，有红砂、珍珠猪毛菜（*Salsola passerina*）、绵刺（*Potaninia mongolica*）、柠条锦鸡儿（*Caragana korshinskii*）、刺旋花（*Convolvulus tragacanthoides*）、白刺、猫头刺（*Oxytropis aciphylla*）、膜果麻黄（*Ephedra przewalskii*）、霸王（*Zygophyllum xanthoxylon*）、驼绒藜（*Krascheninnikovia ceratoides*）、泡泡刺（*Krascheninnikovia ceratoides*）等灌木、半灌木与小半灌木等植物组成的群落。草本植物有芦苇（*Phragmites australis*）、赖草（*Leymus secalinus*）、芨芨草（*Achnatherum splendens*）等。沙生植被有沙拐枣（*Calligonum mongolicum*）群落和圆头蒿（*Artemisia sphaerocephala*）、黑沙蒿（*Artemisia ordosica*）等群落。盐生植被有白刺、盐爪爪（*Kalidium foliatum*）、碱蓬属（*Suaeda*）等植物群落。而在灰钙土上则有米蒿（*Artemisia dalai-lamae*）植物群落分布。

近年来，民勤县持续推进荒漠化综合防治，县域生态环境持续向好，生物多样性显著增加。据全国第六次荒漠化和沙化土地监测显示，与第五次监测结果相比，民勤县荒漠化土地面积减少约3.4万公顷，沙化土地面积减少约0.7万公顷。尽管民勤县生态治理取得了显著的阶段性成效，但由于特殊的地理位置、匮乏的水资源及其脆弱的生态本底条件，民勤盆地的生态治理和保护形势依然十分严峻，集中表现在区域生态系统结构不稳、质量不高，生态系统整体修复进展缓慢，生态修复与保护措施单一等问题。因此，亟须摸清植被资源现状，为后期生态修复提供基础数据。

民勤县将全面贯彻落实习近平总书记在加强荒漠化综合防治和推进"三北"等重点生态工程建设座谈会上的重要讲话精神，按照"西筑堡垒、东拓阵地、南护水源、北锁风口、中保绿洲"的思路，以防沙治沙为主攻方向，以"确保民勤不成为第二个罗布泊"为目标，以青土湖、西沙窝等重点风沙口扩面增绿为重点，以深化拓展防沙治沙"民勤模式"、打造民勤样板为抓手，统筹推进沙漠边缘和腹地、上风口和下风口、沙源区和路径区一体化治理修复，力争利用3～5年时间，构筑起"三道风沙阻击防线"，打好打赢两大沙漠民勤阻击战，为创造新时代中国防沙治沙新奇迹贡献"民勤智慧"。

植物

节节草 *Equisetum ramosissimum*

木贼科 Equisetaceae　木贼属 *Equisetum*

名称变化：无变化。

识别要点：中小型草本植物。根茎多直立。地上枝多年生，一型；枝条中部直径1～3mm，节间长2～6cm，绿色，主枝多在下部分枝，有脊5～14条，常形成簇生状；幼枝的轮生分枝明显或不明显。鞘筒狭长达1cm，鞘齿5～12枚，三角形，边缘多为膜质，基部扁平或弧形，齿上气孔带明显或不明显。孢子囊穗短棒状或椭圆形，顶端有小尖突，无柄。

分布与生境：生于季节性河流或湿地附近。

濒危等级：无危。

资源价值：可作饲料、药用。

樟子松 *Pinus sylvestris var. mongolica*

松科 Pinaceae 松属 *Pinus*

名称变化： 无变化。

识别要点： 乔木，树皮深裂成不规则的鳞状块片脱落。枝斜展或平展，幼树树冠尖塔形，老则呈圆顶或平顶，有树脂。针叶2针一束，硬直，常扭曲；叶鞘基部宿存，黑褐色。雄球花圆柱状卵圆形，聚生新枝下部；雌球花有短梗，淡紫褐色。当年生小球果长约1cm，下垂。球果卵圆形或长卵圆形，长3～6cm，径2～3cm，成熟前绿色，熟时淡褐灰色，熟后开始脱落；中部种鳞的鳞盾多呈斜方形，纵脊横脊显著，肥厚隆起，多反曲，鳞脐呈瘤状突起，有易脱落的短刺；种子黑褐色，长卵圆形或倒卵圆形。花期5～6月，球果翌年9～10月成熟。

分布与生境： 产于我国东北地区较干旱的沙地及石砾砂土地区，本地引种栽培。

濒危等级： 易危。

资源价值： 用材树种，树干可割树脂，也可作庭园观赏及绿化树种。

中麻黄 *Ephedra intermedia*

麻黄科 Ephedraceae **麻黄属** *Ephedra*

名称变化： 无变化。

识别要点： 灌木，茎直立或匍匐斜上，粗壮，基部分枝多。叶3裂及2裂混见。雄球花通常无梗，数个密集于节上成团状；雄球花有5～8枚雄蕊，花丝全部合生，花药无梗；雌球花2～3成簇，对生或轮生于节上，无梗或有短梗；雌球花的珠被管长达3mm，常成螺旋状弯曲；雌球花成熟时肉质红色；种子包于肉质红色的苞片内，不外露，3粒或2粒。花期5～6月，种子7～8月成熟。

分布与生境： 抗旱性强，生于干旱荒漠、沙滩地区及干旱的山坡或草地上。

濒危等级： 近危。

资源价值： 可作药用，苞片可食，亦可作燃料。

新疆杨 *Populus alba* var. *pyramidalis*

杨柳科Salicaceae　杨属 *Populus*

名称变化： 无变化。

识别要点： 乔木，树干不直，雌雄异株。树冠宽阔。树皮白色至灰白色，平滑，下部常粗糙。小枝初被白色绒毛，萌条密被绒毛，圆筒形，灰绿或淡褐色。萌条和长枝叶掌状深裂，基部平截；短枝叶圆形，有粗缺齿，侧齿几对称，基部平截，下面绿色几无毛；叶柄短于或等于叶片，略侧扁，被白绒毛。雄花序长3～6cm；花序轴有毛，苞片膜质，宽椭圆形，长约3mm；花盘有短梗，宽椭圆形；雄蕊8～10，花丝细长，花药紫红色；雌花序长5～10cm，花序轴有毛，雌蕊具短柄，花柱短，柱头2。蒴果细圆锥形。花期4～5月，果期5月。

分布与生境： 我国北方各省区常栽培，抗旱、抗风、抗烟尘。

濒危等级： 无危。

资源价值： 用材树种，优良绿化树种。

小叶杨 *Populus simonii*

杨柳科Salicaceae 杨属 *Populus*

名称变化： 无变化。

识别要点： 乔木，树皮幼时灰绿色，老时暗灰色，沟裂。树冠近圆形。叶菱状卵形、菱状椭圆形或菱状倒卵形，长3～12 cm，宽2～8cm，中部以上较宽，先端突急尖或渐尖；叶柄圆筒形。雄花序长2～7cm，花序轴无毛，苞片细条裂，雄蕊8～9；雌花序长2.5～6cm；苞片淡绿色，裂片褐色，柱头2裂。果序长达15cm；蒴果小，2瓣裂。花期3～5月，果期4～6月。

分布与生境： 生于农田、耕地、村庄周边。

濒危等级： 无危。

资源价值： 优良绿化树种。

旱柳 *Salix matsudana*

杨柳科Salicaceae 柳属 *Salix*

名称变化： 无变化。

识别要点： 乔木，树皮暗灰黑色，有裂沟。枝细长，浅褐黄色或带绿色，后变褐色，无毛，幼枝有毛。叶披针形，长5～10cm，宽1～1.5cm，先端长渐尖，基部窄圆形或楔形；叶柄短；托叶披针形或缺，边缘有细腺锯齿。花序与叶同时开放；雄花序圆柱形，长1.5～2.5cm，粗约6～8mm；雄蕊2，苞片卵形；雌花序较雄花序短，长达2cm，粗4mm；子房长椭圆形，柱头卵形，近圆裂；苞片同雄花。果序长达2cm。花期4月，果期4～5月。

分布与生境： 多生于农田、耕地、村庄周边。

濒危等级： 无危。

资源价值： 优良绿化树种、早春蜜源树种，细枝可编筐。

沙木蓼 *Atraphaxis bracteata*

蓼科Polygonaceae　木蓼属 *Atraphaxis*

名称变化： 无变化。

识别要点： 直立灌木，主干粗壮，淡褐色，具肋棱多分枝，顶端具叶或花。托叶鞘圆筒状，长6～8mm，膜质，顶端具2个尖锐牙齿；叶革质，长圆形或椭圆形；叶柄长1.5～3mm，无毛。总状花序，顶生，长2.5～6cm；苞片披针形，长约4mm，上部者钻形，膜质，具1条褐色中脉，每苞内具2～3花；花梗长约4mm；花被片5，绿白色或粉红色，内轮花被片卵圆形。瘦果卵形，具三棱形。花果期6～8月。

分布与生境： 多生于流动沙丘低地及半固定沙丘。

濒危等级： 无危。

资源价值： 优良的防风固沙植物。

萹蓄 *Polygonum aviculare*

蓼科Polygonaceae 蓼属*Polygonum*

名称变化： 现转入萹蓄属*Polygonum*，其余无变化。

识别要点： 一年生草本。茎平卧、上升或直立，高10～40cm，自基部多分枝，具纵棱。叶椭圆形，狭椭圆形或披针形，长1～4cm，宽3～12mm，顶端钝圆或急尖，基部楔形，边缘全缘，两面无毛，下面侧脉明显；叶柄短或近无柄，基部具关节；托叶鞘膜质，下部褐色、上部白色，撕裂脉明显。花单生或数朵簇生于叶腋，遍布于植株；苞片薄膜质；花梗细，顶部具关节；花被5深裂，花被片椭圆形，长2～2.5mm，绿色，边缘白色或淡红色；雄蕊8，花丝基部扩展；花柱3，柱头头状。瘦果卵形，具3棱，长2.5～3mm，黑褐色，密被由小点组成的细条纹，无光泽，与宿存花被近等长或稍超过。花期5～7月，果期6～8月。

分布与生境： 生于田边路、沟边湿地，海拔10～4200m，北温带广泛分布。

濒危等级： 无危。

资源价值： 全草供药用，有通经利尿、清热解毒功效。

西伯利亚蓼 *Polygonum sibiricum*

蓼科Polygonaceae　蓼属 *Polygonum*

名称变化： 现转入西伯利亚蓼属 *Knorringia*，学名修改为 *Knorringia sibirica*。

识别要点： 多年生草本，根茎细长，茎基部分枝，无毛。叶长椭圆形或披针形，长5～13cm，基部戟形或楔形，无毛。圆锥状花序顶生，花稀疏，苞片漏斗状，无毛；花梗短，中上部具关节，花被片长圆形，花丝基部宽；花柱3，较短。瘦果卵形，有光泽，包于宿存花被内或稍突出。

分布与生境： 生于路边、湖边、河滩、山谷湿地、沙质盐碱地，海拔30～5100m。

濒危等级： 无危。

资源价值： 牧草植物。

矮大黄 *Rheum nanum*

蓼科Polygonaceae　大黄属 *Rheum*

名称变化：无变化。

识别要点：矮小粗壮草本，高20～35cm。根为直或弯曲的长圆柱状，直径2～4cm，内部白色，无茎，根状茎顶部被多层棕色膜质托叶鞘包围，托叶鞘光滑无毛。基生叶2～4片，叶片革质，肾状圆形或近圆形，长6～14cm，宽8～16cm，稀更大，顶端阔圆，基部圆形或极浅心形，近全缘略不整齐，叶脉掌状，基出脉3～5条，叶上面黄绿色，具白色疣状突起，下面色较浅，无毛；叶柄短粗，长2～4.5cm，直径7～9mm，具细沟棱，光滑无毛。花序由根状茎顶端生出，自近中部分枝，形成宽阔圆锥花序，小枝粗壮，具纵棱线，光滑无毛；花成簇密生，苞片鳞片状；花梗较粗壮，长1.5～3mm，无关节；花被片近肉质，黄白色，常具紫红色煊染，外轮3片小，条状披针形，长2～2.5mm，宽约1mm，中间具1条纵脊，上端略呈龙骨状，内轮3片大，宽椭圆形到宽卵形，长约3.5mm，宽2.5～3mm；花盘环状，略肥厚呈肉质；雄蕊9，着生花盘边缘，短而不外露，子房棱状椭圆形，花柱较粗而反曲，柱头膨大成倒圆锥状。果实肾状圆形，长10～12mm，宽12～14mm，红色，纵脉靠近翅的边缘。种子卵形，宽约5mm；宿存花被明显增大，几全遮盖着种子。花期5～6月，果期7～9月。

分布与生境：生于海拔700～2000m或以上的山坡、山沟或砂砾地。

濒危等级：无危。

资源价值：可入药。

巴天酸模 *Rumex patientia*

蓼科 Polygonaceae　酸模属 *Rumex*

名称变化：无变化。

识别要点：多年生草本。根肥厚，直径可达3cm。茎直立，粗壮，高90～150cm，上部分枝，具深沟槽。基生叶长圆形或长圆状披针形，长15～30cm，宽5～10cm，顶端急尖，基部圆形或近心形，边缘波状；叶柄粗壮，长5～15cm；茎上部叶披针形，较小，具短叶柄或近无柄；托叶鞘筒状，膜质，长2～4cm，易破裂。花序圆锥状，大型；花两性；花梗细弱，中下部具关节；关节果时稍膨大，外花被片长圆形，长约1.5mm，内花被片果时增大，宽心形，长6～7mm，顶端圆钝，基部深心形，边缘近全缘，具网脉，全部或一部具小瘤；小瘤长卵形，通常不能全部发育。瘦果卵形，具3锐棱，顶端渐尖，褐色，有光泽，长2.5～3mm。花期5～6月，果期6～7月。

分布与生境：生于沟边湿地、水边，海拔20～4000m。

濒危等级：无危。

资源价值：防风固沙植物。

沙拐枣 *Calligonum mongolicum*

蓼科 Polygonaceae **沙拐枣属 *Calligonum***

名称变化： 无变化。

识别要点： 灌木，高25～150cm。老枝灰白色或淡黄灰色，开展，拐曲；当年生幼枝草质，灰绿色，有关节，节间长0.6～3cm。叶线形，长2～4mm。花白色或淡红色，通常2～3朵，簇生叶腋；花梗细弱，长1～2mm，下部有关节；花被片卵圆形，长约2mm，果时水平伸展。果实（包括刺）宽椭圆形，通常长8～12mm，宽7～11mm；瘦果不扭转、微扭转或极扭转，条形、窄椭圆形至宽椭圆形；果肋突起或突起不明显，沟槽稍宽成狭窄，每肋有刺2～3行；刺等长或长于瘦果之宽，细弱，毛发状，质脆，易折断，较密或较稀疏，基部不扩大或稍扩大，中部2～3次2～3分叉。花期5～7月，果期6～8月，在新疆东部，8月出现第二次花果。

分布与生境： 生于流动沙丘、半固定沙丘、固定沙丘、沙地、砂砾质荒漠和砾质荒漠的粗沙积聚处，海拔500～1800m。

濒危等级： 无危。

资源价值： 优良的防风固沙植物。

梭梭 *Haloxylon ammodendron*

藜科 Chenopodiaceae 梭梭属 *Haloxylon*

名称变化： 现转入苋科 Amaranthaceae，其余无变化。

识别要点： 小乔木，高 1～9m，树干地径可达 50cm。树皮灰白色，木材坚而脆；老枝灰褐色或淡黄褐色，通常具环状裂隙；当年枝细长，斜升或弯垂，节间长 4～12mm，直径约 1.5mm。叶鳞片状，宽三角形，稍开展，先端钝，腋间具棉毛。花着生于二年生枝条的侧生短枝上；小苞片舟状，宽卵形，与花被近等长，边缘膜质；花被片矩圆形，先端钝，背面先端之下 1/3 处生翅状附属物；翅状附属物肾形至近圆形，宽 5～8mm，斜伸或平展，边缘波状或啮蚀状，基部心形至楔形；花被片在翅以上部分稍内曲并围抱果实；花盘不明显。胞果黄褐色，果皮不与种子贴生。种子黑色，直径约 2.5mm；胚盘旋成上面平下面凸的陀螺状，暗绿色。花期 5～7 月，果期 9～10 月。

分布与生境： 生于沙丘上、盐碱土荒漠、河边沙地等处。

濒危等级： 无危。

资源价值： 有固定沙丘的作用；木材可作燃料。

沙蓬（沙米）*Agriophyllum squarrosum*

藜科Chenopodiaceae **沙蓬属*Agriophyllum***

名称变化： 现转入苋科Amaranthaceae，学名已修订，接受名为*Agriophyllum pungens*。

识别要点： 植株高14～60cm。茎直立，坚硬，浅绿色，具不明显的条棱，幼时密被分枝毛，后脱落；由基部分枝，最下部的一层分枝通常对生或轮生，平卧，上部枝条互生，斜展。叶无柄，披针形、披针状条形或条形，长1.3～7cm，宽0.1～1cm，先端渐尖具小尖头，向基部渐狭，叶脉浮凸，纵行，3～9条。穗状花序紧密，卵圆状或椭圆状，无梗，1（～3）腋生；苞片宽卵形，先端急缩，具小尖头，后期反折，背部密被分枝毛。花被片1～3，膜质；雄蕊2～3，花丝锥形，膜质，花药卵圆形。果实卵圆形或椭圆形，两面扁平或背部稍突，幼时在背部被毛，后期秃净，上部边缘略具翅缘；果喙深裂成两个扁平的条状小喙，微向外弯，小喙先端外侧各具一小齿突。种子近圆形，光滑，有时具浅褐色的斑点。花果期8～10月。

分布与生境： 喜生于沙丘或流动沙丘之背风坡上，为我国北部沙漠地区常见的沙生植物。

濒危等级： 无危。

资源价值： 种子含丰富淀粉，可食；植株可作牲畜饲料。

刺沙蓬 *Salsola ruthenica*

藜科Chenopodiaceae　猪毛菜属 *Salsola*

名称变化： 现转入苋科Amaranthaceae，*Flora of China*
学名为*Salsola tragus*，接受名为*Kali tragus*。

识别要点： 一年生草本。茎直立，自基部分枝，茎、枝生短硬毛或近于无毛，有
白色或紫红色条纹。叶片半圆柱形或圆柱形，无毛或有短硬毛，顶端有刺状尖，基部
扩展，扩展处的边缘为膜质。花序穗状，生于枝条的上部；苞片长卵形，顶端有刺状
尖，基部边缘膜质，比小苞片长；小苞片卵形，顶端有刺状尖；花被片长卵形，膜质，
无毛，背面有1条脉；花被片果时变硬，自背面中部生翅；翅3个较大，肾形或倒卵
形，膜质，无色或淡紫红色，有数条粗壮而稀疏的脉，2个较狭窄，花被果时（包括翅）
直径7～10mm；花被片在翅以上部分近革质，顶端为薄膜质，向中央聚集，包覆果实；
柱头丝状，长为花柱的3～4倍。种子横生，直径约2mm。花期8～9月，果期9～10月。

分布与生境： 生于沙丘、沙地及山谷。

濒危等级： 无危。

资源价值： 优良的牧草植物和防风固沙植物。

猪毛菜 *Salsola collina*

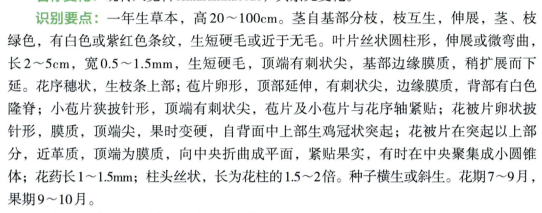

藜科Chenopodiaceae 猪毛菜属 *Salsola*

名称变化： 现转入苋科Amaranthaceae，其余无变化。

识别要点： 一年生草本，高20～100cm。茎自基部分枝，枝互生，伸展，茎、枝绿色，有白色或紫红色条纹，生短硬毛或近于无毛。叶片丝状圆柱形，伸展或微弯曲，长2～5cm，宽0.5～1.5mm，生短硬毛，顶端有刺状尖，基部边缘膜质，稍扩展而下延。花序穗状，生枝条上部；苞片卵形，顶部延伸，有刺状尖，边缘膜质，背部有白色隆脊；小苞片狭披针形，顶端有刺状尖，苞片及小苞片与花序轴紧贴；花被片卵状披针形，膜质，顶端尖，果时变硬，自背面中上部生鸡冠状突起；花被片在突起以上部分，近革质，顶端为膜质，向中央折曲成平面，紧贴果实，有时在中央聚集成小圆锥体；花药长1～1.5mm；柱头丝状，长为花柱的1.5～2倍。种子横生或斜生。花期7～9月，果期9～10月。

分布与生境： 生于村边、路边及荒芜场所。

濒危等级： 无危。

资源价值： 全草可入药，有降低血压作用；嫩茎、叶可供食用。

木本猪毛菜 *Salsola arbuscula*

藜科 Chenopodiaceae 猪毛菜属 *Salsola*

名称变化： 现转入苋科 Amaranthaceae，名为木猪毛菜 *Xylosalsola arbuscula*。

识别要点： 小灌木，高 40～100cm。多分枝；枝条开展，老枝淡灰褐色，有纵裂纹，小枝平滑，乳白色。叶互生，老枝上的叶簇生于短枝的顶部，叶片半圆柱形，长1～3cm，宽1～2mm，淡绿色，无毛，顶端钝或尖，基部扩展而隆起，乳白色，扩展处的上部缢缩成柄状，叶片自缢缩处脱落，枝条上留有明显的叶基残痕。花序穗状；苞片比小苞片长；小苞片卵形，顶端尖，基部的边缘为膜质，比花被长或与花被等长；花被片矩圆形，顶端有小突尖，背部有1条明显的中脉，果时自背面中下部生翅；翅3个为半圆形，膜质，有多数细而明显的脉，2个较狭窄，花被果时（包括翅）直径为8～12mm；花被片在翅以上部分，向中央聚集，包覆果实，上部膜质，稍反折，成莲座状；花药附属物狭披针形，顶端急尖；柱头钻状，长为花柱的2～4倍。种子横生。花期7～8月，果期9～10月。

分布与生境： 生于山麓、砾质荒漠。

濒危等级： 无危。

资源价值： 优良的牧草植物和防风固沙植物。

珍珠猪毛菜 *Salsola passerina*

藜科 Chenopodiaceae 猪毛菜属 *Salsola*

名称变化： 现转入苋科 Amaranthaceae，名为珍珠柴 *Caroxylon passerinum*。

识别要点： 半灌木，高 15～30cm，植株密生丁字毛，自基部分枝；老枝木质，灰褐色，伸展；小枝草质，黄绿色，短枝缩短成球形。叶片锥形或三角形，长 2～3mm，宽约 2mm，顶端急尖，基部扩展，背面隆起，通常早落。花序穗状，生于枝条的上部；苞片卵形；小苞片宽卵形，顶端尖，两侧边缘为膜质；花被片长卵形，背部近肉质，边缘为膜质，果时自背面中部生翅；翅 3 个为肾形，膜质，黄褐色或淡紫红色，密生细脉，2 个较小为倒卵形，花被果时（包括翅）直径 7～8mm；花被片在翅以上部分，生丁字毛，向中央聚集成圆锥体，在翅以下部分，无毛；花药矩圆形，自基部分离至近顶部；花药附属物披针形，顶端急尖；柱头丝状。种子横生或直立。花期 7～9 月，果期 8～9 月。

分布与生境： 生于山坡、砾质滩地。

濒危等级： 无危。

资源价值： 优良的牧草植物和防风固沙植物。

盐穗木 *Halostachys caspica*

藜科 Chenopodiaceae　盐穗木属 *Halostachys*

名称变化： 现转入苋科 Amaranthaceae，其余无变化。

识别要点： 灌木，高 50～200cm。茎直立，多分枝；老枝通常无叶，小枝肉质，蓝绿色，有关节，密生小突起。叶鳞片状，对生，顶端尖，基部联合。花序穗状，交互对生，圆柱形，长 1.5～3cm，直径 2～3mm，花序柄有关节；花被倒卵形，顶部 3 浅裂，裂片内折；子房卵形；柱头 2，钻状，有小突起。胞果卵形，果皮膜质；种子卵形或矩圆状卵形，直径 6～7mm，红褐色，近平滑。花果期 7～9 月。

分布与生境： 生于盐碱滩、河谷、盐湖边。

濒危等级： 无危。

资源价值： 优良的牧草植物和防风固沙植物。

盐爪爪 *Kalidium foliatum*

藜科 Chenopodiaceae　盐爪爪属 *Kalidium*

名称变化： 现转入苋科 Amaranthaceae，其余无变化。

识别要点： 小灌木，高20～50cm。茎直立或平卧，多分枝；枝灰褐色，小枝上部近于草质，黄绿色。叶片圆柱状，伸展或稍弯，灰绿色，长4～10mm，宽2～3mm，顶端钝，基部下延，半抱茎。花序穗状，无柄，长8～15mm，直径3～4mm，每3朵花生于1鳞状苞片内；花被合生，上部扁平成盾状，盾片宽五角形，周围有狭窄的翅状边缘；雄蕊2。种子直立，近圆形，直径约1mm，密生乳头状小突起。花果期7～8月。

分布与生境： 生于盐碱滩、盐湖边。

濒危等级： 无危。

资源价值： 优良的牧草植物和防风固沙植物。

盐生草 *Halogeton glomeratus*

藜科 Chenopodiaceae　盐生草属 *Halogeton*

名称变化： 现转入苋科 Amaranthaceae，其余无变化。

识别要点： 一年生草本，高5～30cm。茎直立，多分枝；枝互生，基部的枝近于对生，无毛，无乳头状小突起，灰绿色。叶互生，叶片圆柱形，长4～12mm，宽1.5～2mm，顶端有长刺毛，有时长刺毛脱落；花腋生，通常4～6朵聚集成团伞花序，遍布于植株；花被片披针形，膜质，背面有1条粗脉，果时自背面近顶部生翅；翅半圆形，膜质，大小近相等，有多数明显的脉，有时翅不发育而花被增厚成革质；雄蕊通常为2。种子直立，圆形。花果期7～9月。

分布与生境： 生于山脚、戈壁滩。

濒危等级： 无危。

资源价值： 优良的牧草植物和防风固沙植物。

中亚虫实 *Corispermum heptapotamicum*

藜科 Chenopodiaceae　虫实属 *Corispermum*

名称变化： 现转入苋科 Amaranthaceae，其余无变化。

识别要点： 植株高9～40cm，茎直立，圆柱形，直径约2.5mm，密被毛；后期毛部分脱落。多分枝，下部分枝较长，上升或近平卧。叶条形或倒披针形，长1.5～4cm，宽2～4（～8）mm，先端急尖具小尖头，基部渐狭，1脉，被毛。穗状花序顶生和侧生，细长，稍密，长4～18cm，通常长5～10cm；苞片由条形（少数花序基部的）至披针形和卵形，长4～17mm，宽1.5～2.5mm，先端渐尖或急尖，基部渐狭或近圆形，1脉，被毛，具狭的膜质缘。花被片1，稀3，近轴花被片矩圆形，顶端急尖；远轴2，通常不发育；雄蕊1，稀3，中间花丝通常超过花被片。果实椭圆形，长2.5～3mm，宽1.5～2mm，顶端近圆形，基部宽楔形，背部突起，腹面凹入，无毛；果核倒卵形，光滑，灰绿色；果喙短，圆柱状，喙尖短，直立，果翅窄，不透明；黄绿色，全缘或啮齿状。花果期7～9月。

分布与生境： 生于沙地和沙丘。

濒危等级： 无危。

资源价值： 优良的牧草植物和防风固沙植物。

灰绿藜 *Chenopodium glaucum*

藜科Chenopodiaceae 藜属 *Chenopodium*

名称变化： 现转入苋科 Amaranthaceae，学名已修订，接受名为 *Oxybasis glauca*。

识别要点： 一年生草本，高20～40cm。茎平卧或外倾，具条棱及绿色或紫红色色条。叶片矩圆状卵形至披针形，长2～4cm，宽6～20mm，肥厚，先端急尖或钝，基部渐狭，边缘具缺刻状牙齿，上面无粉，平滑，下面有粉而呈灰白色，有稍带紫红色；中脉明显，黄绿色；叶柄长5～10mm。花两性兼有雌性，通常数花聚成团伞花序，再于分枝上排列成有间断而通常短于叶的穗状或圆锥状花序；花被裂片3～4，浅绿色，稍肥厚，通常无粉，狭矩圆形或倒卵状披针形，长不及1mm，先端通常钝；雄蕊1～2，花丝不伸出花被，花药球形；柱头2，极短。胞果顶端露出于花被外，果皮膜质，黄白色。种子扁球形，直径0.75mm，横生、斜生及直立，暗褐色或红褐色，边缘钝，表面有细点纹。花果期5～10月。

分布与生境： 广布南北半球的温带，生于农田、菜园、村房、水边等有轻度盐碱的土壤上。

濒危等级： 无危。

资源价值： 优良的牧草植物和防风固沙植物，可食用。

菊叶香藜 *Chenopodium foetidum*

藜科 Chenopodiaceae　藜属 *Chenopodium*

名称变化： 现转入苋科 Amaranthaceae，学名已修订，接受名为 *Dysphania schraderiana*。

识别要点： 一年生草本，高 20～60cm，有强烈气味，全体有具节的疏生短柔毛。茎直立，具绿色色条，通常有分枝。叶片矩圆形，长 2～6cm，宽 1.5～3.5cm，边缘羽状浅裂至羽状深裂，先端钝或渐尖，有时具短尖头，基部渐狭，上面无毛或幼嫩时稍有毛，下面有具节的短柔毛并兼有黄色无柄的颗粒状腺体，很少近于无毛；叶柄长 2～10mm。复二歧聚伞花序腋生；花两性；花被直径 1～1.5mm，5 深裂；裂片卵形至狭卵形，有狭膜质边缘，背面通常有具刺状突起的纵隆脊并有短柔毛和颗粒状腺体，果时开展；雄蕊 5，花丝扁平，花药近球形。胞果扁球形，果皮膜质。种子横生，周边钝，直径 0.5～0.8mm，红褐色或黑色，有光泽，具细网纹；胚半环形，围绕胚乳。花期 7～9 月，果期 9～10 月。

分布与生境： 生于林缘草地、沟岸、河沿、住宅附近，有时也为农田杂草。

濒危等级： 无危。

资源价值： 优良的牧草植物和防风固沙植物。

雾冰藜 *Bassia dasyphylla*

藜科Chenopodiaceae　雾冰藜属*Bassia*

名称变化： 现转入苋科Amaranthaceae，学名已修订，接受名为*Grubovia dasyphylla*。

识别要点： 植株高3～50cm，茎直立，密被水平伸展的长柔毛。分枝多，开展，与茎夹角通常大于45度，有的几成直角。叶互生，肉质，圆柱状或半圆柱状条形，密被长柔毛，长3～15mm，宽1～1.5mm，先端钝，基部渐狭。花两性，单生或两朵簇生，通常仅一花发育；花被筒密被长柔毛，裂齿不内弯，果时花被背部具5个钻状附属物，三棱状，平直，坚硬，形成一平展的五角星状；雄蕊5，花丝条形，伸出花被外；子房卵状，具短的花柱和2（～3）个长的柱头。果实卵圆状。种子近圆形，光滑。花果期7～9月。

分布与生境： 生于戈壁、盐碱地、沙丘、草地、河滩、阶地及洪积扇上。

濒危等级： 无危。

资源价值： 优良的牧草植物和防风固沙植物。

碱蓬 *Suaeda glauca*

藜科 Chenopodiaceae 碱蓬属 *Suaeda*

名称变化： 现转入苋科 Amaranthaceae，其余无变化。

识别要点： 一年生草本，高可达1m。茎直立，粗壮，圆柱状，浅绿色，有条棱，上部多分枝；枝细长，上升或斜伸。叶丝状条形，半圆柱状，通常长1.5～5cm，宽约1.5mm，灰绿色，光滑无毛，稍向上弯曲，先端微尖，基部稍收缩。花两性兼有雌性，单生或2～5朵团集，大多着生于叶的近基部处；两性花花被杯状，长1～1.5mm，黄绿色；雌花花被近球形，直径约0.7mm，较肥厚，灰绿色；花被裂片卵状三角形，先端钝，果时增厚，使花被略呈五角星状，干后变黑色；雄蕊5，花药宽卵形至矩圆形，长约0.9mm；柱头2，黑褐色，稍外弯。胞果包在花被内，果皮膜质。种子横生或斜生，双凸镜形，黑色，直径约2mm，周边钝或锐，表面具清晰的颗粒状点纹，稍有光泽；胚乳很少。花果期7～9月。

分布与生境： 生于海滨、荒地、渠岸、田边等含盐碱的土壤上。

濒危等级： 无危。

资源价值： 优良的牧草植物和防风固沙植物。

合头草 *Sympegma regelii*

藜科Chenopodiaceae　合头草属*Sympegma*

名称变化： 现转入苋科Amaranthaceae，其余无变化。

识别要点： 直立，高可达1.5m。根粗壮，黑褐色。老枝多分枝，黄白色至灰褐色，通常具条状裂隙；当年生枝灰绿色，稍有乳头状突起，具多数单节间的腋生小枝；小枝长3～8mm，基部具关节，易断落。叶长4～10mm，宽约1mm，直或稍弧曲，向上斜伸，先端急尖，基部收缩。花两性，通常1～3个簇生于具单节间小枝的顶端，花簇下具1（较少2）对基部合生的苞状叶，状如头状花序；花被片直立，草质，具膜质狭边，先端稍钝，脉显著浮凸；翅宽卵形至近圆形，不等大，淡黄色，具纵脉纹；雄蕊5，花药伸出花被外；柱头有颗粒状突起。胞果两侧稍扁，圆形，果皮淡黄色。种子直立，直径1～1.2mm；胚平面螺旋状，黄绿色。花果期7～10月。

分布与生境： 生于轻盐碱化的荒漠、干山坡、冲积扇、沟沿等处。

濒危等级： 无危。

资源价值： 优良的牧草植物和防风固沙植物。

驼绒藜 *Ceratoides latens*

藜科Chenopodiaceae 驼绒藜属 *Ceratoides*

名称变化： 现转入苋科 Amaranthaceae，学名已修订，接受名为 *Krascheninnikovia ceratoides*。

识别要点： 植株高0.1~1m，分枝多集中于下部，斜展或平展。叶较小，条形、条状披针形、披针形或矩圆形，长1~2（~5）cm，宽0.2~0.5（~1）cm，先端急尖或钝，基部渐狭、楔形或圆形，1脉，有时近基处有2条侧脉，极稀为羽状。雄花序较短，长达4cm，紧密；雌花管椭圆形，长3~4mm，宽约2mm；花管裂片角状，较长，其长为管长的1/3到等长。果直立，椭圆形，被毛。花果期6~9月。

分布与生境： 生于戈壁、荒漠、半荒漠、干旱山坡或草原中。

濒危等级： 无危。

资源价值： 优良的饲料植物和防风固沙植物。

裸果木 *Gymnocarpos przewalskii*

石竹科Caryophyllaceae　裸果木属 *Gymnocarpos*

名称变化： 无变化。

识别要点： 亚灌木状，高50～100cm。茎曲折，多分枝；树皮灰褐色，剥裂；嫩枝赭红色，节膨大。叶几无柄，叶片稍肉质，线形，略成圆柱状，长5～10mm，宽1～1.5mm，顶端急尖，具短尖头，基部稍收缩；托叶膜质，透明，鳞片状。聚伞花序腋生；苞片白色，膜质，透明，宽椭圆形，长6～8mm，宽3～4mm；花小，不显著；花萼下部连合，长1.5mm，萼片倒披针形，长约1.5mm，顶端具芒尖，外面被短柔毛；花瓣无；外轮雄蕊无花药，内轮雄蕊花丝细，长约1mm，花药椭圆形，纵裂；子房近球形。瘦果包于宿存萼内；种子长圆形，直径约0.5mm，褐色。花期5～7月，果期8月。

分布与生境： 生于海拔1000～2500m荒漠区的干河床、戈壁滩、砾石山坡，性耐干旱。

濒危等级： 无危。

资源价值： 优良的防风固沙植物。

榆树 *Ulmus pumila*

榆科 Ulmaceae 榆属 *Ulmus*

名称变化： 无变化。

识别要点： 落叶乔木，高达25m，胸径1m，在干瘠之地长成灌木状。幼树树皮平滑，灰褐色或浅灰色，大树之皮暗灰色，不规则深纵裂，粗糙。小枝无毛或有毛，淡黄灰色、淡褐灰色或灰色，稀淡褐黄色或黄色，有散生皮孔，无膨大的木栓层及突起的木栓翅；冬芽近球形或卵圆形，芽鳞背面无毛，内层芽鳞的边缘具白色长柔毛。叶椭圆状卵形、长卵形、椭圆状披针形或卵状披针形，长2~8cm，宽1.2~3.5cm，先端渐尖或长渐尖，基部偏斜或近对称，一侧楔形至圆，另一侧圆至半心脏形，叶面平滑无毛，叶背幼时有短柔毛，后变无毛或部分脉腋有簇生毛，边缘具重锯齿或单锯齿，侧脉每边9~16条，叶柄长4~10mm，通常仅上面有短柔毛。花先叶开放，在去年生枝的叶腋成簇生状。翅果近圆形，稀倒卵状圆形，长1.2~2cm，除顶端缺口柱头面被毛外，余处无毛，果核部分位于翅果的中部，上端不接近或接近缺口，成熟前后其色与果翅相同，初淡绿色，后白黄色，宿存花被无毛，4浅裂，裂片边缘有毛，果梗较花被为短，长1~2mm，被（或稀无）短柔毛。花果期3~6月（东北地区较晚）。

分布与生境： 生于海拔1000~2500m山坡、山谷、川地、丘陵及沙岗等处。

濒危等级： 无危。

资源价值： 榆钱可食用。

大麻 *Cannabis sativa*

桑科 Moraceae　大麻属 *Cannabis*

名称变化： 现转入大麻科 Cannabaceae，其余无变化。

识别要点： 一年生直立草本，高1～3m，枝具纵沟槽，密生灰白色贴伏毛。叶掌状全裂，裂片披针形或线状披针形，长7～15cm，中裂片最长，宽0.5～2cm，先端渐尖，基部狭楔形，表面深绿，微被糙毛，背面幼时密被灰白色贴状毛后变无毛，边缘具向内弯的粗锯齿，中脉及侧脉在表面微下陷，背面隆起；叶柄长3～15cm，密被灰白色贴伏毛；托叶线形。雄花序长达25cm；花黄绿色，花被5，膜质，外面被细伏贴毛，雄蕊5，花丝极短，花药长圆形；小花柄长约2～4mm；雌花绿色；花被1，紧包子房，略被小毛；子房近球形，外面包于苞片。瘦果为宿存黄褐色苞片所包，果皮坚脆，表面具细网纹。花期5～6月，果期为7月。

分布与生境： 各地栽培或沦为野生。

濒危等级： 无危。

资源价值： 纤维植物，种子可食。

沙芥 *Pugionium cornutum*

十字花科 Brassicaceae 沙芥属 *Pugionium*

名称变化： 无变化。

识别要点： 一年或二年生草本，高50～100cm。根肉质，手指粗。茎直立，多分枝。叶肉质，下部叶有柄，羽状分裂，长10～20cm，宽3～4.5cm，裂片3～4对，顶裂片卵形或长圆形，长7～8cm，全缘或有1～2齿，或顶端2～3裂，侧裂片长圆形，基部稍抱茎，边缘有2～3齿；茎上部叶披针状线形，长3～5cm，宽2～5mm，全缘。总状花序顶生，成圆锥花序；萼片长圆形，长6～7mm；花瓣黄色，宽匙形，长约1.5cm，顶端细尖。短角果革质，横卵形，长约1.5cm，宽7～8mm，侧扁，两侧各有1披针形翅，长2～5cm，宽3～5mm，上举成钝角，具突起网纹，有4个或更多角状刺；果梗粗，长2～2.5cm。种子长圆形，长约1cm，黄棕色。花期6月，果期8～9月。

分布与生境： 生于沙漠地带沙丘上。

濒危等级： 无危，中国特有种。

资源价值： 饲料植物。

独行菜 *Lepidium apetalum*

十字花科 Brassicaceae 独行菜属 *Lepidium*

名称变化： 无变化。

识别要点： 一年或二年生草本，高 5～30cm。茎直立，有分枝，无毛或具微小头状毛。基生叶窄匙形，一回羽状浅裂或深裂，长 3～5cm，宽 1～1.5cm；叶柄长 1～2cm；茎上部叶线形，有疏齿或全缘。总状花序在果期可延长至 5cm；萼片早落，卵形，长约 0.8mm，外面有柔毛；花瓣不存或退化成丝状，比萼片短；雄蕊 2 或 4。短角果近圆形或宽椭圆形，扁平，长 2～3mm，宽约 2mm，顶端微缺，上部有短翅，隔膜宽不到 1mm；果梗弧形，长约 3mm。种子椭圆形，长约 1mm，平滑，棕红色。花果期 5～7 月。

分布与生境： 生于海拔 400～2000m 山坡、山沟、路旁及村庄附近。为常见的田间杂草。

濒危等级： 无危。

资源价值： 嫩叶作野菜食用；全草及种子供药用。

球果群心菜 *Cardaria chalepensis*

十字花科 Brassicaceae　群心菜属 *Cardaria*

名称变化： 学名已修订，接受名为 *Lepidium chalepense*。

识别要点： 多年生草本，高20～50cm。茎直立，多分枝。基生叶有柄，倒卵状匙形，长3～10cm，宽1～4cm，边缘有波状齿，开花时枯萎；茎生叶倒卵形，长圆形至披针形，长4～10cm，宽2～5cm，顶端钝，有小锐尖头，基部耳状或非耳状，抱茎，边缘疏生尖锐波状齿或近全缘，两面有柔毛。总状花序伞房状，成圆锥花序，多分枝，在果期不伸长；萼片长圆形，长约2mm；花瓣白色，倒卵状匙形，长约4mm，顶端微缺，有爪；盛开花的花柱和子房等长或稍短。短角果卵形至近球形，长3～4.5mm，宽3.5～5mm，果瓣无毛，网脉不明显，无毛或幼时有微柔毛；花柱长约1.5mm；果梗长5～10mm。种子1个，宽卵形或椭圆形，长约2mm，棕色，无翅。花期5～6月，果期7～8月。

分布与生境： 生于山谷、路边、草地、河滩、村旁。

濒危等级： 无危。

资源价值： 饲料植物。

绵刺 *Potaninia mongolica*

蔷薇科 Rosaceae 　绵刺属 *Potaninia*

名称变化： 无变化。

识别要点： 灌木，高 30～40cm，各部有长绢毛。茎多分枝，灰棕色。复叶具 3 或 5 小叶片，稀只有 1 小叶，长 2mm，宽约 0.5mm，先端急尖，基部渐狭，全缘，中脉及侧脉不显；叶柄坚硬，长 1～1.5mm，宿存成刺状；托叶卵形，长 1.5～2mm。花单生于叶腋，直径约 3mm；花梗长 3～5mm；苞片卵形，长 1mm；萼筒漏斗状，萼片三角形，长约 1.5mm，先端锐尖；花瓣卵形，直径约 1.5mm，白色或淡粉红色；雄蕊花丝比花瓣短，着生在膨大花盘边上，内面密被绢毛；子房卵形，具 1 胚珠。瘦果长圆形，长 2mm，浅黄色，外有宿存萼筒。花期 6～9 月，果期 8～10 月。

分布与生境： 生于沙质荒漠中，强度耐旱也极耐盐碱。

濒危等级： 无危。

资源价值： 饲料植物。国家二级保护野生植物。

二裂委陵菜 *Potentilla bifurca*

蔷薇科Rosaceae 委陵菜属*Potentilla*

名称变化： 现修改为鸡冠茶*Sibbaldianthe bifurca*。

识别要点： 多年生草本或亚灌木。根圆柱形，纤细，木质。花茎直立或上升，高5～20cm，密被疏柔毛或微硬毛。羽状复叶，有小叶5～8对，最上面2～3对小叶基部下延与叶轴汇合，连叶柄长3～8cm；叶柄密被疏柔毛或微硬毛，小叶片无柄，对生稀互生，椭圆形或倒卵椭圆形，长0.5～1.5cm，宽0.4～0.8cm，顶端常2裂，稀3裂，基部楔形或宽楔形，两面绿色，伏生疏柔毛；下部叶托叶膜质，褐色，外面被微硬毛，稀脱落几无毛，上部茎生叶托叶草质，绿色，卵状椭圆形，常全缘稀有齿。近伞房状聚伞花序，顶生，疏散；花直径0.7～1cm；萼片卵圆形，顶端急尖，副萼片椭圆形，顶端急尖或钝，比萼片短或近等长，外面被疏柔毛；花瓣黄色，倒卵形，顶端圆钝，比萼片稍长；心皮沿腹部有稀疏柔毛；花柱侧生，棒形，基部较细，顶端缢缩，柱头扩大。瘦果表面光滑。花果期5～9月。

分布与生境： 生于海拔800～3600m地边、道旁、沙滩、山坡草地、黄土坡上、半干旱荒漠草原及疏林下。

濒危等级： 无危。

资源价值： 可入药，中等饲料植物。

蒙古扁桃 *Amygdalus mongolica*

蔷薇科Rosaceae 桃属 *Amygdalus*

名称变化： 学名已修订，接受名为 *Prunus mongolica*。

识别要点： 灌木，高达2m。小枝顶端成枝刺；嫩枝被短柔毛；短枝叶多簇生，长枝叶互生，叶宽椭圆形、近圆形或倒卵形，长0.8～1.5cm，先端钝圆，有时具小尖头，基部楔形，两面无毛，有浅钝锯齿，侧脉约4对；叶柄长2～5mm，无毛。花单生，稀数朵簇生短枝上；花梗极短，萼筒钟形。核果宽卵圆形。

分布与生境： 生于荒漠区和荒漠草原区的低山丘陵坡麓、石质坡地及干河床。

濒危等级： 易危。

资源价值： 国家二级保护野生植物。

荒漠黄芪 *Astragalus alaschanensis*

豆科Fabaceae 黄芪属 *Astragalus*

名称变化： 学名已修订，接受名为*Astragalus grubovii*。

识别要点： 多年生草本，高10～20cm。根粗壮，直伸，黄褐色。茎极短缩，多数丛生，被毡毛状半开展的白色毛。羽状复叶有11～27片小叶；叶柄较叶轴短；托叶基部与叶柄贴生，上部卵状披针形，长5～10mm，被浓密的白色长毛；小叶宽椭圆形，倒卵形或近圆形，长5～15mm，宽3～10mm，先端钝圆，基部圆形或宽楔形，两面被开展的白色毛。总状花序短缩，生多花，生于基部叶腋；苞片长圆形或宽披针形，渐尖，被白色开展的毛；小苞片线形或狭披针形，长为花萼的1/2或1/3，被白色长毛；花萼管状，长9～18mm，被毡毛状白色毛，萼齿线形，长为萼筒的1/2或与其近等长；花冠粉红色或紫红色，旗瓣长17～22mm，长圆形或匙形，先端圆形微凹，中部以下狭成瓣柄，翼瓣较旗瓣短，瓣片较瓣柄短；子房狭长圆形，有毛，花柱细长。荚果卵形或卵状长圆形，微膨胀，先端渐尖成喙，基部圆形，密被白色长硬毛，薄革质，假2室。种子肾形或椭圆形，长约2mm，橘黄色。花期5～6月，果期7～8月。

分布与生境： 生于荒漠区的沙荒地带。

濒危等级： 无危。

资源价值： 防风固沙植物。

糙叶黄芪 *Astragalus scaberrimus*

豆科Fabaceae 黄芪属 *Astragalus*

名称变化： 无变化。

识别要点： 多年生草本，密被白色伏贴毛。根状茎短缩，多分枝，木质化；地上茎不明显或极短，有时伸长而匍匐。羽状复叶有7～15片小叶，长5～17cm；叶柄与叶轴等长或稍长；托叶下部与叶柄贴生，长4～7mm，上部呈三角形至披针形；小叶椭圆形或近圆形，有时披针形，长7～20mm，宽3～8mm，先端锐尖、渐尖，有时稍钝，基部宽楔形或近圆形，两面密被伏贴毛。总状花序生3～5花，排列紧密或稍稀疏；总花梗极短或长达数厘米，腋生；花梗极短；苞片披针形，较花梗长；花萼管状，长7～9mm，被细伏贴毛，萼齿线状披针形，与萼筒等长或稍短；花冠淡黄色或白色，旗瓣倒卵状椭圆形，先端微凹，中部稍缢缩，下部稍狭成不明显的瓣柄，翼瓣较旗瓣短，瓣片长圆形，先端微凹，较瓣柄长，龙骨瓣较翼瓣短，瓣片半长圆形，与瓣柄等长或稍短；子房有短毛。荚果披针状长圆形，微弯，长8～13mm，宽2～4mm，具短喙，背缝线凹入，革质，密被白色伏贴毛，假2室。花期4～8月，果期5～9月。

分布与生境： 生于山坡石砾质草地、草原、沙丘及沿河流两岸的沙地。

濒危等级： 无危。

资源价值： 牧草及保持水土植物，也可作抗癌药物。

刺叶柄棘豆 *Oxytropis aciphylla*

豆科**Fabaceae** 棘豆属*Oxytropis*

名称变化：无变化。

识别要点：矮小垫状亚灌木，高8～20cm。根粗壮，根系发达。茎多分枝，开展，全体呈球状植丛。偶数羽状复叶；托叶膜质，彼此合生，下部与叶柄贴生，先端平截或呈二尖，后撕裂，被贴伏白色柔毛或无毛，边缘有白色长毛；叶轴宿存，木质化，长2～6cm，下部粗壮，先端尖锐，呈硬刺状，老时淡黄色或黄褐色，嫩时灰绿色，密被贴伏绢状柔毛；小叶4～6对生，线形或长圆状线形，长5～18mm，宽1～2mm，先端渐尖，具刺尖，基部楔形，边缘常内卷，两面密被贴伏白色绢状柔毛和不等臂的丁字毛。1～2花组成腋生总状花序；总花梗长3～10mm，密被贴伏白色柔毛；苞片膜质，披针状钻形，小；花萼筒状，长8～15mm，宽3～5mm，花后稍膨胀，密被贴伏长柔毛，萼齿锥状，长约3mm；花冠红紫色、蓝紫色，以至白色，旗瓣倒卵形，长13～24mm，宽7～10mm，先端钝，基部渐狭成瓣柄，翼瓣长12～20mm，宽3～4mm，龙骨瓣长11～13mm，喙长1～1.5mm；子房圆柱形，花柱先端弯曲，无毛。荚果硬革质，长圆形，长10～20mm，宽4～5mm，腹缝线深陷，密被白色贴伏柔毛，隔膜发达，不完全2室。种子圆肾形，深棕色。花期5～6月，果期6～7月。

分布与生境：生于海拔1000～3250m的砾石质平原、薄层沙地、丘陵坡地及沙荒地上。

濒危等级：无危。

资源价值：幼嫩时多为牧草植物，可防风固沙。

狭叶锦鸡儿 *Caragana stenophylla*

豆科Fabaceae　锦鸡儿属 *Caragana*

名称变化： 无变化。

识别要点： 矮灌木，高30～80cm。树皮灰绿色，黄褐色或深褐色。小枝细长，具条棱，嫩时被短柔毛。假掌状复叶有4片小叶；托叶在长枝者硬化成针刺，刺长2～3mm；长枝上叶柄硬化成针刺，宿存，长4～7mm，直伸或向下弯，短枝上叶无柄，簇生；小叶线状披针形或线形，长4～11mm，宽1～2mm，两面绿色或灰绿色，常由中脉向上折叠。花梗单生，长5～10mm，关节在中部稍下；花萼钟状管形，长4～6mm，宽约3mm，无毛或疏被毛，萼齿三角形，长约1mm，具短尖头；花冠黄色，旗瓣圆形或宽倒卵形，长14～17（～20）mm，中部常带橙褐色，瓣柄短宽，翼瓣上部较宽，瓣柄长约为瓣片的1/2，耳长圆形，龙骨瓣的瓣柄较瓣片长1/2，耳短钝；子房无毛。荚果圆筒形，长2～2.5cm，宽2～3mm。花期4～6月，果期7～8月。

分布与生境： 生于沙地、黄土丘陵、低山阳坡。

濒危等级： 无危。

资源价值： 良好的固沙和水土保持植物。

荒漠锦鸡儿 *Caragana roborovskyi*

豆科Fabaceae 锦鸡儿属 *Caragana*

名称变化： 无变化。

识别要点： 灌木，高0.3～1m，直立或外倾，由基部多分枝。老枝黄褐色，被深灰色剥裂皮；嫩枝密被白色柔毛。羽状复叶有3～6对小叶；托叶膜质，被柔毛，先端具刺尖；叶轴宿存，全部硬化成针刺，长1～2.5cm，密被柔毛；小叶宽倒卵形或长圆形，长4～10mm，宽3～5mm，先端圆或锐尖，具刺尖，基部楔形，密被白色丝质柔毛。花梗单生，长约4mm，关节在中部到基部，密被柔毛；花萼管状，长11～12mm，宽4～5mm，密被白色长柔毛，萼齿三角形，长约1mm；花冠黄色，旗瓣有时带紫色，倒卵圆形，长14～17（～20）mm，宽12～13mm，基部渐狭成瓣柄，翼瓣片披针形，瓣柄长为瓣片的1/2，耳线形，较瓣柄略短，龙骨瓣先端尖，瓣柄与瓣片近相等，耳圆钝，小；子房无毛。荚果圆筒状，长2.5～3cm，被白色长柔毛，先端具尖头，花萼常宿存。花期5月，果期6～7月。

分布与生境： 生于干山坡、山沟、黄土丘陵、沙地。

濒危等级： 无危，中国特有种。

资源价值： 良好的固沙和水土保持植物。

柠条锦鸡儿 *Caragana korshinskii*

豆科Fabaceae 锦鸡儿属 *Caragana*

名称变化： 无变化。

识别要点： 灌木，有时小乔状，高1～4m。老枝金黄色，有光泽；嫩枝被白色柔毛。羽状复叶有6～8对小叶；托叶在长枝者硬化成针刺，长3～7mm，宿存；叶轴长3～5cm，脱落；小叶披针形或狭长圆形，长7～8mm，宽2～7mm，先端锐尖或稍钝，有刺尖，基部宽楔形，灰绿色，两面密被白色伏贴柔毛。花梗长6～15mm，密被柔毛，关节在中上部；花萼管状钟形，长8～9mm，宽4～6mm，密被伏贴短柔毛，萼齿三角形或披针状三角形；花冠长20～23mm，旗瓣宽卵形或近圆形，先端截平而稍凹，宽约16mm，具短瓣柄，翼瓣瓣柄细窄，稍短于瓣片，耳短小，齿状，龙骨瓣具长瓣柄，耳极短；子房披针形，无毛。荚果扁，披针形，长2～2.5cm，宽6～7mm，有时被疏柔毛。花期5月，果期6月。

分布与生境： 生于半固定和固定沙地。

濒危等级： 无危。

资源价值： 优良固沙植物和水土保持植物。

甘草 *Glycyrrhiza uralensis*

豆科Fabaceae 甘草属 *Glycyrrhiza*

名称变化： 无变化。

识别要点： 多年生草本。根与根状茎粗壮，具甜味。茎直立，多分枝，全株被毛。叶长5～20cm；托叶三角状披针形；小叶5～17枚，卵形、长卵形或近圆形。总状花序腋生，具多数花；苞片长圆状披针形；花萼钟状，基部偏斜并膨大呈囊状，萼齿5，与萼筒近等长，上部2齿大部分连合；花冠紫色、白色或黄色，旗瓣长圆形，翼瓣短于旗瓣，龙骨瓣短于翼瓣。荚果弯曲呈镰刀状或呈环状，密集成球，密生瘤状突起和刺毛状腺体。花期6～8月，果期7～10月。

分布与生境： 生于干旱沙地、河岸砂质地、山坡草地及盐渍化土壤中。

濒危等级： 无危。

资源价值： 根可入药。国家二级保护野生植物。

细枝岩黄芪 *Hedysarum scoparium*

豆科Fabaceae　岩黄芪属 *Hedysarum*

名称变化： 现转入羊柴属 *Corethrodendron*，学名为 *Corethrodendron scoparium*。

识别要点： 半灌木，高80～300cm。茎直立，多分枝，幼枝绿色或淡黄绿色，被疏长柔毛，茎皮亮黄色，呈纤维状剥落。托叶卵状披针形。褐色干膜质，长5～6mm，下部合生，易脱落。茎下部叶具小叶7～11，上部的叶通常具小叶3～5，最上部的叶轴完全无小叶或仅具1枚顶生小叶；小叶片灰绿色，线状长圆形或狭披针形，长15～30mm，宽3～6mm，无柄或近无柄，先端锐尖，具短尖头，基部楔形，表面被短柔毛或无毛，背面被较密的长柔毛。总状花序腋生，上部明显超出叶，总花梗被短柔毛；花少数，长15～20mm，外展或平展，疏散排列；苞片卵形，长1～1.5mm；具2～3mm的花梗；花萼钟状，长5～6mm，被短柔毛，萼齿长为萼筒的2/3，上萼齿宽三角形，稍短于下萼齿；花冠紫红色，旗瓣倒卵形或倒卵圆形，长14～19mm，顶端钝圆，微凹，翼瓣线形，长为旗瓣的1/2，龙骨瓣通常稍短于旗瓣；子房线形，被短柔毛。荚果2～4节，节荚宽卵形，长5～6mm，宽3～4mm，两侧膨大，具明显细网纹和白色密毡毛。种子圆肾形，长2～3mm，淡棕黄色，光滑。花期6～9月，果期8～10月。

分布与生境： 生于半荒漠的沙丘或沙地，荒漠前山冲沟中的沙地。

濒危等级： 无危。

资源价值： 优良固沙植物；幼嫩枝叶为优良饲料，骆驼和马喜食；花为优良的蜜源。

红花岩黄芪 *Hedysarum multijugum*

豆科Fabaceae 岩黄芪属 *Hedysarum*

名称变化： 现转入羊柴属 *Corethrodendron*，学名为 *Corethrodendron multijugum*。

识别要点： 半灌木或仅基部木质化而呈草本状，高40～80cm，茎直立，多分枝，具细条纹，密被灰白色短柔毛。叶长6～18cm；托叶卵状披针形，棕褐色干膜质，长4～6mm，基部合生，外被短柔毛；叶轴被灰白色短柔毛；小叶通常15～29，具约长1mm的短柄；小叶片阔卵形、卵圆形，一般长5～8（～15）mm，宽3～5（～8）mm，顶端钝圆或微凹，基部圆形或圆楔形，上面无毛，下面被贴伏短柔毛。总状花序腋生，上部明显超出叶，花序长达28cm，被短柔毛；花9～25朵，长16～21mm，外展或平展，疏散排列，果期下垂，苞片钻状，长1～2mm，花梗与苞片近等长；萼斜钟状，长5～6mm，萼齿钻状或锐尖，短于萼筒3～4倍，下萼齿稍长于上萼齿或为其2倍，通常上萼齿间分裂深达萼筒中部以下，亦有时两侧萼齿与上萼间分裂较深；花冠紫红色或玫瑰状红色，旗瓣倒阔卵形，先端圆形，微凹，基部楔形，翼瓣线形，长为旗瓣的1/2，龙骨瓣稍短于旗瓣；子房线形，被短柔毛。荚果通常2～3节，节荚椭圆形或半圆形，被短柔毛，两侧稍突起，具细网纹，网结通常具不多的刺，边缘具较多的刺。花期6～8月，果期8～9月。

分布与生境： 主要生于荒漠地区的砾石质洪积扇、河滩。

濒危等级： 无危，中国特有种。

资源价值： 优良固沙植物；幼嫩枝叶为优良饲料，骆驼和马喜食；花为优良的蜜源。

骆驼刺 *Alhagi sparsifolia*

豆科Fabaceae 骆驼刺属*Alhagi*

名称变化： 学名已修订，接受名为*Alhagi camelorum*。

识别要点： 亚灌木。茎直立，具细条纹，无毛或幼茎具短柔毛。从基部分枝；枝条平行上升。总状花序腋生，花序轴变成坚硬的锐刺，花冠深紫红色，旗瓣倒长卵形，长8～9mm，先端钝圆或截平，基部楔形，具短瓣柄，翼瓣长圆形，长为旗瓣的3/4，龙骨瓣与旗瓣约等长。荚果线形，常弯曲。

分布与生境： 生于荒漠地区的沙地、河岸、农田边。

濒危等级： 无危。

资源价值： 优良固沙植物；幼嫩枝叶为优良饲料，骆驼和马喜食；花为优良的蜜源。

苦豆子 *Sophora alopecuroides*

豆科Fabaceae 苦参属 *Sophora*

名称变化： 无变化。

识别要点： 草本，或基部木质化成亚灌木状，高约1m。枝被白色或淡灰白色长柔毛或贴伏柔毛。羽状复叶；叶柄长1～2cm；托叶着生于小叶柄的侧面，钻状，长约5mm，常早落；小叶7～13对，对生或近互生，纸质，披针状长圆形或椭圆状长圆形，长15～30mm，宽约10mm，先端钝圆或急尖，常具小尖头，基部宽楔形或圆形，上面被疏柔毛，下面毛被较密，中脉上面常凹陷，下面隆起，侧脉不明显。总状花序顶生；花多数，密生；花梗长3～5mm；苞片似托叶，脱落；花萼斜钟状，5萼齿明显，不等大，三角状卵形；花冠白色或淡黄色，旗瓣形状多变，通常为长圆状倒披针形，长15～20mm，宽3～4mm，先端圆或微缺，或明显呈倒心形，基部渐狭或骤狭成柄，翼瓣常单侧生，稀近双侧生，长约16mm，卵状长圆形，具三角形耳，皱褶明显，龙骨瓣与翼瓣相似，先端明显具突尖，背部明显呈龙骨状盖叠，柄纤细，长约为瓣片的1/2，具1三角形耳，下垂；雄蕊10，花丝不同程度连合，有时近两体雄蕊，连合部分疏被极短毛，子房密被白色近贴伏柔毛，柱头圆点状，被稀少柔毛。荚果串珠状，长8～13cm，直，具多数种子；种子卵球形，稍扁，褐色或黄褐色。花期5～6月，果期8～10月。

分布与生境： 多生于干旱沙漠和草原边缘地带。

濒危等级： 无危。

资源价值： 优良的防风固沙植物、蜜源植物。

苦马豆 *Sphaerophysa salsula*

豆科Fabaceae　苦马豆属 *Sphaerophysa*

名称变化： 无变化。

识别要点： 半灌木或多年生草本。茎直立或下部匍匐，高0.3～0.6m，稀达1.3m；枝开展，具纵棱脊，被疏至密的灰白色丁字毛。托叶线状披针形，三角形至钻形，自茎下部至上部渐变小；叶轴长5～8.5cm，上面具沟槽；小叶11～21片，倒卵形至倒卵状长圆形，长5～15（～25）mm，宽3～6（～10）mm，先端微凹至圆，具短尖头，基部圆至宽楔形，上面疏被毛至无毛，侧脉不明显，下面被细小、白色丁字毛；小叶柄短，被白色细柔毛。总状花序常较叶长，长6.5～13（～17）cm，生6～16花；苞片卵状披针形；花梗长4～5mm，密被白色柔毛，小苞片线形至钻形；花萼钟状，萼齿三角形，上边2齿较宽短，其余较窄长，外面被白色柔毛；花冠初呈鲜红色，后变紫红色，旗瓣瓣片近圆形，向外反折，长12～13mm，宽12～16mm，先端微凹，基部具短柄，翼瓣较龙骨瓣短，连柄长12mm，先端圆，基部具长3mm微弯的瓣柄及长2mm先端圆的耳状裂片，龙骨瓣长13mm，宽4～5mm，瓣柄长约4.5mm，裂片近成直角，先端钝；子房近线形，密被白色柔毛，花柱弯曲，仅内侧疏被纵列髯毛，柱头近球形。荚果椭圆形至卵圆形，膨胀，长1.7～3.5cm，直径1.7～1.8cm，先端圆，果颈长约10mm，果瓣膜质，外面疏被白色柔毛，缝线上较密；种子肾形至近半圆形，长约2.5mm，褐色，珠柄长1～3mm，种脐圆形凹陷。花期5～8月，果期6～9月。

分布与生境： 生于海拔960～3180m的山坡、草原、荒地、沙滩、戈壁绿洲、沟渠旁及盐池周围，较耐干旱，习见于盐化草甸、强度钙质性灰钙土上。

濒危等级： 无危。

资源价值： 具有医药价值。

红砂 *Reaumuria songarica*

柽柳科Tamaricaceae　红砂属 *Reaumuria*

名称变化： 无变化。

识别要点： 小灌木，仰卧，高10～30（～70）cm，多分枝，老枝灰褐色，树皮为不规则的波状剥裂，小枝多拐曲，常呈淡红色；皮灰白色，粗糙，纵裂。叶肉质，短圆柱形，鳞片状，上部稍粗，长1～5mm，宽0.5～1mm，常微弯，先端钝，浅灰蓝绿色，具点状的泌盐腺体，常4～6枚簇生在叶腋缩短的枝上，花期有时叶变紫红色。花单生叶腋（实为生在极度短缩的小枝顶端），或在幼枝上端集为少花的总状花序状；花无梗；直径约4mm；苞片3，披针形，先端尖，长0.5～0.7mm；花萼钟形，下部合生，长1.5～2.5mm，裂片5，三角形，边缘白膜质，具点状腺体；花瓣5，白色略带淡红，长圆形，长约4.5mm，宽约2.5mm，先端钝，基部楔状变狭，张开，上部向外反折，下半部内侧的2附属物倒披针形，薄片状，顶端缝状。着生在花瓣中脉的两侧；雄蕊6～8（～12），分离，花丝基部变宽，几与花瓣等长；子房椭圆形，花柱3，具狭尖之柱头。蒴果长椭圆形或纺锤形，或作三棱锥形，长4～6mm，宽约2mm，高出花萼2～3倍，具3棱，3瓣裂（稀4）通常具3～4枚种子。种子长圆形，长3～4mm，先端渐尖，基部变狭，全部被黑褐色毛。花期7～8月，果期8～9月。

分布与生境： 生于荒漠地区的山前冲积、洪积平原上和戈壁侵蚀面上，亦生于低地边缘，基质多为粗砾质戈壁，也生于壤土上。

濒危等级： 无危。

资源价值： 可作荒漠区域的良好草场植物、防风固沙的优良植物。

多花柽柳 *Tamarix hohenackeri*

柽柳科Tamaricaceae　柽柳属 *Tamarix*

名称变化： 无变化。

识别要点： 灌木或小乔木，高1～3（～6）m。老枝树皮灰褐色，二年生枝条暗红紫色。绿色营养枝上的叶小，线状披针形或卵状披针形，长2～3.5mm，长渐尖或急尖，具短尖头，向内弯，边缘干膜质，略具齿，半抱茎；木质化生长枝上的叶几抱茎，卵状披针形，渐尖，基部膨胀，下延。春夏季均开花：春季开花，总状花序侧生在去年生的木质化的生长枝上，长1.5～9cm，宽3～5（～8）mm，多为数个簇生，无总花梗，或有长达2cm的总花梗；夏季开花，总状花序顶生在当年生幼枝顶端，集生成疏松或稠密的短圆锥花序；苞片条状长圆形、条形或倒卵状狭长圆形，略具龙骨状肋，突尖，常呈干薄膜质，长1～2mm，比花梗略长，或与花萼（包括花梗）等长，稀略长；花梗与花萼等长或略长；花5数，萼片卵圆形，长1mm，先端钝尖，边缘膜质，齿牙状，内面三片比外面二片略钝；花瓣卵形，卵状椭圆形，近圆形，至少在下半端呈龙骨状，长1.5～2（～2.5）mm，宽0.7～1mm，比花萼长1倍，玫瑰色或粉红色，常互相靠合致花冠呈鼓形或球形，果时宿存；花盘肥厚，暗紫红色，5裂，裂片顶端钝圆或微凹；雄蕊5，与花瓣等长或略长（比花瓣长1/3），花丝渐狭细，着生在花盘裂片间，花药心形，钝（或具短尖头）；花柱3，棍棒状匙形，长为子房1/2，稀长为1/3或3/5。蒴果长4～5mm，超出花萼4倍。春季5～6月上旬开花，夏季开花直到秋季。

分布与生境： 生于荒漠河岸林中，荒漠河、湖沿岸沙地广阔的冲积淤积平原的轻度盐渍化土壤上。

濒危等级： 无危。

资源价值： 固沙造林和盐碱地上绿化造林的优良树种。

多枝柽柳 *Tamarix ramosissima*

柽柳科Tamaricaceae 柽柳属 *Tamarix*

名称变化： 无变化。

识别要点： 灌木或小乔木状，高1～3（～6）m。老杆和老枝的树皮暗灰色，当年生木质化的生长枝淡红或橙黄色，长而直伸，有分枝，第二年生枝则颜色渐变淡。木质化生长枝上的叶披针形，基部短，半抱茎，微下延；绿色营养枝上的叶短卵圆形或三角状心脏形，长2～5mm，急尖，略向内倾，几抱茎，下延。总状花序生在当年生枝顶，集成顶生圆锥花序，长3～5cm，或较长，长6～8cm，或较短，长0.5～1.5cm，宽3～5mm，总花梗长0.2～1cm；苞片披针形，卵状披针形或条状钻形，卵状长圆形，渐尖，长1.5～2（～2.8）mm，与花萼等长或超过花萼（包括花梗）；花梗长0.5～0.7mm，短于或等于花萼；花5数；花萼长0.5～1mm，萼片广椭圆状卵形或卵形，渐尖或钝，内面三片比外面二片宽，长0.5～0.7mm，宽0.3～0.5mm，边缘窄膜质，有不规则的齿牙，无龙骨；花瓣粉红色或紫色，倒卵形至阔椭圆状倒卵形，顶端微缺（弯），长1～1.7mm，宽0.7～1mm，比花萼长1/3，直伸，靠合，形成闭合的酒杯状花冠，果时宿存；花盘5裂，裂片顶端有或大或小的凹缺；雄蕊5，与花冠等长，或超出花冠1.5倍，花丝基部不变宽，着生在花盘裂片间边缘略下方，花药钝或在顶端具钝突起；子房锥形瓶状具三棱，花柱3，棍棒状，为子房长的1/3～1/4。蒴果三棱圆锥形瓶状，长3～5mm，比花萼长3～4倍。花期5～9月。

分布与生境： 生于河漫滩、河谷阶地上，沙质和黏土质盐碱化的平原上、沙丘上，每集沙成为的风植沙滩。

濒危等级： 无危。

资源价值： 固沙造林和盐碱地上绿化造林的优良树种。

骆驼蒿 *Peganum nigellastrum*

蒺藜科 Zygophyllaceae　骆驼蓬属 *Peganum*

名称变化： 现转入白刺科 Nitrariaceae，其余无变化。

识别要点： 多年生草本，高 10～25cm，密被短硬毛。茎直立或开展，由基部多分枝。叶二至三回深裂，裂片条形，长 0.7～10mm，宽不到 1mm，先端渐尖。花单生于茎端或叶腋，花梗被硬毛；萼片 5，披针形，长达 1.5cm，5～7 条状深裂，裂片长约 1cm，宽约 1mm，宿存；花瓣淡黄色，倒披针形，长 1.2～1.5cm；雄蕊 15，花丝基部扩展；子房 3 室。蒴果近球形，黄褐色。种子多数，纺锤形，黑褐色，表面有瘤状突起。花期 5～7 月，果期 7～9 月。

分布与生境： 生于沙质或砾质地、山前平原、丘间低地、固定或半固定沙地。

濒危等级： 无危。

资源价值： 全草入药能祛湿解毒、活血止痛、宣肺止咳；种子能活筋骨、祛风湿。

骆驼蓬 *Peganum harmala*

蒺藜科 Zygophyllaceae　骆驼蓬属 *Peganum*

名称变化： 现转入白刺科 Nitrariaceae，其余无变化。

识别要点： 多年生草本，高30～70cm，无毛。根多数，粗达2cm。茎直立或开展，由基部多分枝。叶互生，卵形，全裂为3～5条形或披针状条形裂片，裂片长1～3.5cm，宽1.5～3mm。花单生枝端，与叶对生；萼片5，裂片条形，长1.5～2cm，有时仅顶端分裂；花瓣黄白色，倒卵状矩圆形，长1.5～2cm，宽6～9mm；雄蕊15，花丝近基部宽展；子房3室，花柱3。蒴果近球形，种子三棱形，稍弯，黑褐色，表面被小瘤状突起。花期5～6月，果期7～9月。

分布与生境： 生于荒漠地带干旱草地、绿洲边缘轻盐渍化沙地、壤质低山坡或河谷沙丘（达3600m）。

濒危等级： 无危。

资源价值： 全草可入药；叶子揉碎能洗涤泥垢，代肥皂用。

霸王 *Zygophyllum xanthoxylum*

蒺藜科Zygophyllaceae 驼蹄瓣属 *Zygophyllum*

名称变化： 原名称为*Sarcozygium xanthoxylon*，其余无变化。

识别要点： 灌木，高50～100cm。枝弯曲，开展，皮淡灰色，木质部黄色，先端具刺尖，坚硬。叶在老枝上簇生，幼枝上对生；叶柄长8～25mm；小叶1对，长匙形，狭矩圆形或条形，长8～24mm，宽2～5mm，先端圆钝，基部渐狭，肉质。花生于老枝叶腋；萼片4，倒卵形，绿色，长4～7mm；花瓣4，倒卵形或近圆形，淡黄色，长8～11mm；雄蕊8，长于花瓣。蒴果近球形，长18～40mm，翅宽5～9mm，常3室，每室有1种子。种子肾形，长6～7mm，宽约2.5mm。花期4～5月，果期7～8月。

分布与生境： 生于荒漠和半荒漠的砂砾质河流阶地、低山山坡、碎石低丘和山前平原。

濒危等级： 无危。

资源价值： 优良的牧草植物和防风固沙植物。

驼蹄瓣 *Zygophyllum fabago*

蒺藜科Zygophyllaceae 驼蹄瓣属 *Zygophyllum*

名称变化： 无变化。

识别要点： 多年生草本，高30～80cm。根粗壮。茎多分枝，枝条开展或铺散，光滑，基部木质化。托叶革质，卵形或椭圆形，长4～10mm，绿色，茎中部以下托叶合生，上部托叶较小，披针形，分离；叶柄显著短于小叶；小叶1对，倒卵形、矩圆状倒卵形，长15～33mm，宽6～20cm，质厚，先端圆形。花腋生；花梗长4～10mm；萼片卵形或椭圆形，长6～8mm，宽3～4mm，先端钝，边缘为白色膜质；花瓣倒卵形，与萼片近等长，先端近白色，下部橘红色；雄蕊长于花瓣，长11～12mm，鳞片矩圆形，长为雄蕊之半。蒴果矩圆形或圆柱形，长2～3.5cm，宽4～5mm，5棱，下垂。种子多数，长约3mm，宽约2mm，表面有斑点。花期5～6月，果期6～9月。

濒危等级： 无危。

分布与生境： 生于冲积平原、绿洲、湿润沙地和荒地。

资源价值： 优良的牧草植物和防风固沙植物。

大花驼蹄瓣 *Zygophyllum potaninii*

蒺藜科Zygophyllaceae　驼蹄瓣属 *Zygophyllum*

名称变化： 无变化。

识别要点： 多年生草本，高10～25cm。茎直立或开展，由基部多分枝，粗壮。托叶草质，合生，宽短，长约3mm，边缘膜质；叶柄长3～6mm，叶轴具翼；小叶1～2对，斜倒卵形，椭圆或近圆形，长1～2.5cm，宽0.5～2cm，肥厚。花梗短于萼片，花后伸长；花2～3朵腋生，下垂；萼片倒卵形，稍黄色，长6～11mm，宽4～5mm；花瓣白色，下部橘黄色，匙状倒卵形，短于萼片；雄蕊长于萼片，鳞片条状椭圆形，长为花丝的1/2。蒴果下垂，卵圆状球形或近球形，长15～25mm，宽15～26mm，具5翅，翅宽5～7mm，每室有种子4～5粒。种子斜卵形，长约5mm，宽约3mm。花期5～6月，果期6～8月。

濒危等级： 无危。

分布与生境： 生于砾质荒漠、石质低山坡，极耐干旱。

资源价值： 优良的牧草植物和防风固沙植物。

蝎虎驼蹄瓣 *Zygophyllum mucronatum*

蒺藜科 Zygophyllaceae 驼蹄瓣属 *Zygophyllum*

名称变化： 无变化。

识别要点： 多年生草本，高 15～25cm。根木质。茎多数，多分枝，细弱，平卧或开展，具沟棱和粗糙皮刺。托叶小，三角状，边缘膜质，细条裂；叶柄及叶轴具翼，翼扁平，有时与小叶等宽；小叶 2～3 对，条形或条状矩圆形，长约 1cm，顶端具刺尖，基部稍钝。花 1～2 朵腋生，花梗长 2～5mm；萼片 5，狭倒卵形或矩圆形，长 5～8mm，宽 3～4mm；花瓣 5，倒卵形，稍长于萼片，上部近白色，下部橘红色，基部渐窄成爪；雄蕊长于花瓣，花药矩圆形，橘黄色，鳞片长达花丝的 1/2。蒴果披针形、圆柱形，稍具 5 棱，先端渐尖或锐尖，下垂，5 心皮，每室有 1～4 种子。种子椭圆形或卵形，黄褐色，表面有密孔。花期 6～8 月，果期 7～9 月。

濒危等级： 无危。

分布与生境： 生于海拔 800～3000m 的低山山坡、山前平原、冲积扇、河流阶地、黄土山坡。

资源价值： 优良的牧草植物和防风固沙植物。

甘肃驼蹄瓣 *Zygophyllum kansuense*

蒺藜科 Zygophyllaceae　驼蹄瓣属 *Zygophyllum*

名称变化：无变化。

识别要点：多年生草本。高 7～15cm。根木质。茎由基部分枝，嫩枝具乳头状突起和钝短刺毛。托叶离生，圆形或披针形，边缘膜质；叶柄长 2～4mm，嫩时有乳头状突起和钝短刺毛，具翼，先端有丝状尖头；小叶 1 对，倒卵形或矩圆形，长 6～15mm，宽 3～5mm，先端钝圆。花 1～2 孕生于叶腋；花梗长 1～3mm，具乳头状突起，后期脱落；萼片绿色，倒卵状椭圆形，长约 5mm，边缘白色；花瓣与萼片近等长，白色，稍带橘红色；雄蕊短于花瓣，中下部具鳞片。蒴果披针形，先端渐尖，稍具棱，长 1.5～2cm，粗约 5mm。花期 5～7 月，果期 6～8 月。

濒危等级：无危，中国特有种。

分布与生境：生于戈壁、山前平原。

资源价值：优良的牧草植物和防风固沙植物。

泡泡刺 *Nitraria sphaerocarpa*

蒺藜科 Zygophyllaceae　白刺属 *Nitraria*

名称变化：现转入白刺科 Nitrariaceae，其余无变化。

识别要点：灌木，枝平卧，长 25～50cm，弯，不孕枝先端刺针状，嫩枝白色。叶近无柄，2～3 片簇生，条形或倒披针状条形，全缘，长 5～25mm，宽 2～4mm，先端稍锐尖或钝。花序长 2～4cm，被短柔毛，黄灰色；花梗长 1～5mm；萼片 5，绿色，被柔毛；花瓣白色，长约 2mm。果未熟时披针形，先端渐尖，密被黄褐色柔毛，成熟时外果皮干膜质，膨胀成球形，果径约 1cm；果核狭纺锤形，长 6～8mm，先端渐尖，表面具蜂窝状小孔。花期 5～6 月，果期 6～7 月。

濒危等级：无危。

分布与生境：生于戈壁、山前平原和砾质平坦沙地，极耐干旱。

资源价值：牧草植物，优良的防风固沙植物。

小果白刺 *Nitraria sibirica*

蒺藜科Zygophyllaceae 白刺属 *Nitraria*

名称变化： 现转入白刺科Nitrariaceae，其余无变化。

识别要点： 灌木，高0.5～1.5m，弯。多分枝，枝铺散，少直立；小枝灰白色，不孕枝先端刺针状。叶近无柄，在嫩枝上4～6片簇生，倒披针形，长6～15mm，宽2～5mm，先端锐尖或钝，基部渐窄成楔形，无毛或幼时被柔毛。聚伞花序长1～3cm，被疏柔毛；萼片5，绿色，花瓣黄绿色或近白色，矩圆形，长2～3mm。果椭圆形或近球形，两端钝圆，长6～8mm，熟时暗红色，果汁暗蓝色，带紫色，味甜而微咸；果核卵形，先端尖，长4～5mm。花期5～6月，果期7～8月。

濒危等级： 无危。

分布与生境： 生于湖盆边缘沙地、盐渍化沙地、沿海盐化沙地。

资源价值： 牧草植物，优良的防风固沙植物。

白刺 *Nitraria tangutorum*

蒺藜科 Zygophyllaceae **白刺属** *Nitraria*

名称变化： 现转入白刺科 Nitrariaceae，其余无变化。

识别要点： 灌木，高1～2m。多分枝，弯、平卧或开展；不孕枝先端刺针状；嫩枝白色。叶在嫩枝上2～3（～4）片簇生，宽倒披针形，长18～30mm，宽6～8mm，先端圆钝，基部渐窄成楔形，全缘，稀先端齿裂。花排列较密集。核果卵形，有时椭圆形，熟时深红色，长8～12mm，直径6～9mm，果汁玫瑰色；果核狭卵形，长5～6mm，先端短渐尖。花期5～6月，果期7～8月。

濒危等级： 无危，中国特有种。

分布与生境： 生于荒漠和半荒漠的湖盆沙地、河流阶地、山前平原积沙地、有风积沙的黏土地。

资源价值： 牧草植物，优良的防风固沙植物。

蒺藜 *Tribulus terrester*

蒺藜科 Zygophyllaceae　蒺藜属 *Tribulus*

名称变化：现修订为 *Tribulus terrestris*。

识别要点：一年生草本。茎平卧。偶数羽状复叶；小叶对生；枝长 20～60cm，偶数羽状复叶，长 1.5～5cm；小叶对生，3～8 对，矩圆形或斜短圆形，长 5～10mm，宽 2～5mm，先端锐尖或钝，基部稍偏斜，被柔毛，全缘。花腋生，花梗短于叶，花黄色；萼片 5，宿存；花瓣 5；雄蕊 10，生于花盘基部，基部有鳞片状腺体，子房 5 棱，柱头 5 裂，每室 3～4 胚珠。果有分果瓣 5，硬，长 4～6mm，无毛或被毛，中部边缘有锐刺 2 枚，下部常有小锐刺 2 枚，其余部位常有小瘤体。花期 5～8 月，果期 6～9 月。

濒危等级：无危。

分布与生境：生于沙地、荒地、山坡、居民点附近。

资源价值：牧草植物。

白蜡树 *Fraxinus chinensis*

木樨科 Oleaceae 梣属 *Fraxinus*

名称变化： 无变化。

识别要点： 落叶乔木，高 10～12m。树皮灰褐色，纵裂。芽阔卵形或圆锥形，被棕色柔毛或腺毛。小枝黄褐色，粗糙，无毛或疏被长柔毛，旋即秃净，皮孔小，不明显。羽状复叶长 12～35cm；叶柄长 4～6cm，基部不增厚；叶轴挺直，上面具浅沟，初时疏被柔毛，旋即秃净；小叶 5～7 枚，硬纸质，卵形、倒卵状长圆形至披针形，长3～10cm，宽 2～4cm，顶生小叶与侧生小叶近等大或稍大，先端锐尖至渐尖，基部钝圆或楔形，叶缘具整齐锯齿，上面无毛，下面无毛或有时沿中脉两侧被白色长柔毛，中脉在上面平坦，侧脉 8～10 对，下面突起，细脉在两面突起，明显网结；小叶柄长3～5mm。圆锥花序顶生或腋生枝梢，长 8～10cm；花序梗长 2～4cm，无毛或被细柔毛，光滑，无皮孔；花雌雄异株；雄花密集，花萼小，钟状，长约 1mm，无花冠，花药与花丝近等长；雌花疏离，花萼大，桶状，长 2～3mm，4 浅裂，花柱细长，柱头2 裂。翅果匙形，长 3～4cm，宽 4～6mm，上中部最宽，先端锐尖，常呈犁头状，基部渐狭，翅平展，下延至坚果中部，坚果圆柱形，长约 1.5cm；宿存萼紧贴于坚果基部，常在一侧开口深裂。花期 4～5 月，果期 7～9 月。

濒危等级： 无危。

分布与生境： 栽培植物。

资源价值： 材理通直，柔软坚韧，供编制各种用具；树皮也作药用。

黄花补血草（黄花矶松）*Limonium aureum*

白花丹科Plumbaginaceae 补血草属 *Limonium*

名称变化： 无变化。

识别要点： 多年生草本，高4～35cm，全株除萼外，无毛。茎基往往被有残存的叶柄和红褐色芽鳞。叶多基生，常早凋，通常长圆状匙形至倒披针形，先端圆或钝。有时急尖，下部渐狭成平扁的柄。花序圆锥状，花序轴2至多数，绿色，常密被疣状突起，其下部常数回叉状分枝，往往呈"之"字形曲折，下部的多数分枝成为不育枝，末级的不育枝短而常略弯；穗状花序位于上部分枝顶端，由3～5（～7）个小穗组成；小穗含2～3花；外苞长约2.5～3.5mm，宽卵形，先端钝或急尖，第一内苞长约5～6mm；萼长5.5～6.5mm，漏斗状，萼筒径约1mm，基部偏斜，全部沿脉和脉间密被长毛，萼檐常金黄色，裂片正三角形，脉伸出裂片先端成一芒尖或短尖，沿脉常疏被微柔毛，间生裂片常不明显；花冠橙黄色。花期6～8月，果期7～8月。

濒危等级： 无危。

分布与生境： 生于土质含盐的砾石滩、黄土坡和沙土地上。

资源价值： 花萼和根为民间草药。

砂引草 *Messerschmidia sibirica*

紫草科 Boraginaceae **砂引草属 *Messerschmidia***

名称变化： 学名已修订，接受名为 *Tournefortia sibirica*。

识别要点： 多年生草本，高 10～30cm。有细长的根状茎，茎单一或数条丛生，直立或斜升，通常分枝，密生糙伏毛或白色长柔毛。叶披针形、倒披针形或长圆形，长 1～5cm，宽 6～10mm，先端渐尖或钝，基部楔形或圆，密生糙伏毛或长柔毛，中脉明显，上面凹陷，下面突起，侧脉不明显，无柄或近无柄。花序顶生，直径 1.5～4cm；萼片披针形，长 3～4mm，密生向上的糙伏毛；花冠黄白色，钟状，长 1～1.3cm，裂片卵形或长圆形，外弯，花冠筒较裂片长，外面密生向上的糙伏毛；花药长圆形，长 2.5～3mm，先端具短尖，花丝极短，长约 0.5mm，着生花筒中部；子房无毛，略现 4 裂，长 0.7～0.9mm，花柱细，长约 0.5mm，柱头浅 2 裂，长 0.7～0.8mm，下部环状膨大。核果椭圆形或卵球形，长 7～9mm，直径 5～8mm，粗糙，密生伏毛，先端凹陷，核具纵肋，成熟时分裂为 2 个各含 2 粒种子的分核。花期 5 月，果实 7 月成熟。

濒危等级： 无危。

分布与生境： 生于海拔 4～1930m 海滨沙地、干旱荒漠及山坡道旁。

资源价值： 优良的防风固沙植物。

黄花软紫草 *Arnebia guttata*

紫草科Boraginaceae　软紫草属*Arnebia*

名称变化： 无变化。

识别要点： 多年生草本。根含紫色物质。茎通常2~4条，有时1条，直立，多分枝，高10~25cm，密生开展的长硬毛和短伏毛。叶无柄，匙状线形至线形，长1.5~5.5cm，宽3~11mm，两面密生具基盘的白色长硬毛，先端钝。镰状聚伞花序长3~10cm，含多数花；苞片线状披针形；花萼裂片线形，长6~10mm，果期时可达15mm，有开展或半贴伏的长伏毛；花冠黄色，筒状钟形，外面有短柔毛，檐部直径7~12mm，裂片宽卵形或半圆形，开展，常有紫色斑点；雄蕊着生花冠筒中部（长柱花）或喉部（短柱花），花药长圆形，长约1.8mm；子房4裂，花柱丝状，稍伸出喉部（长柱花）或仅达花冠筒中部（短柱花），先端浅2裂，柱头肾形。小坚果三角状卵形，长2.5~3mm，淡黄褐色，有疣状突起。花果期6~10月。

濒危等级： 易危。

分布与生境： 生于戈壁、石质山坡、湖滨砾石地。

资源价值： 根可代紫草入药，功效与紫草相同。

鹤虱 *Lappula myosotis*

紫草科 Boraginaceae 鹤虱属 *Lappula*

名称变化： 无变化。

识别要点： 一年生草本。茎直立，高30～60cm，中部以上多分枝，密被白色短糙毛。基生叶长圆状匙形，全缘，先端钝，基部渐狭成长柄，长达7cm（包括叶柄），宽3～9mm，两面密被有白色基盘的长糙毛；茎生叶较短而狭，披针形或线形，扁平或沿中肋纵折，先端尖，基部渐狭，无叶柄。花序在花期时短，果期时伸长，长10～17cm；苞片线形，较果实稍长；花梗果期时伸长，长约3mm，直立而被毛；花萼5深裂，几达基部，裂片线形，急尖，有毛，花期时长2～3mm，果期时增大呈狭披针形，长约5mm，星状开展或反折；花冠淡蓝色，漏斗状至钟状，长约4mm，檐部直径3～4mm，裂片长圆状卵形，喉部附属物梯形。小坚果卵状，长3～4mm，背面狭卵形或长圆状披针形，通常有颗粒状疣突，稀平滑或沿中线龙骨状突起上有小棘突，边缘有2行近等长的锚状刺，内行刺长1.5～2mm，基部靠合，外行刺较内行刺稍短或近等长，通常直立，小坚果腹面通常具棘状突起或有小疣状突起；花柱伸出小坚果但不超过小坚果上方之刺。花果期6～9月。

濒危等级： 无危。

分布与生境： 生于草地、山坡草地等处。

资源价值： 果实可入药，有消炎杀虫之功效。

银灰旋花 *Convolvulus ammannii*

旋花科Convolvulaceae 旋花属 *Convolvulus*

名称变化： 无变化。

识别要点： 多年生草本，根状茎短，木质化，茎少数或多数，高2～10（～15）cm，平卧或上升，枝和叶密被贴生稀半贴生银灰色绢毛。叶互生，线形或狭披针形，长1～2cm，宽（0.5～）1～4（～5）mm，先端锐尖，基部狭，无柄。花单生枝端，具细花梗，长0.5～7cm；萼片5，长（3～5～）4～7mm，外萼片长圆形或长圆状椭圆形，近锐尖或稍渐尖，内萼片较宽，椭圆形，渐尖，密被贴生银色毛；花冠小，漏斗状，长（8～）9～15mm，淡玫瑰色或白色带紫色条纹，有毛，5浅裂；雄蕊5，较花冠短1/2，基部稍扩大；雌蕊无毛，较雄蕊稍长，子房2室，每室2胚珠；花柱2裂，柱头2，线形。蒴果球形，2裂，长4～5mm。种子2～3枚，卵圆形，光滑，具喙，淡褐红色。

濒危等级： 无危。

分布与生境： 生于干旱山坡草地或路旁。

资源价值： 防风固沙植物。

沙枣 *Elaeagnus angustifolia*

胡颓子科Elaeagnaceae　胡颓子属 *Elaeagnus*

名称变化： 无变化。

识别要点： 落叶乔木或小乔木，高5～10m。无刺或具刺，刺长30～40mm，棕红色，发亮；幼枝密被银白色鳞片，老枝鳞片脱落，红棕色，光亮。叶薄纸质，矩圆状披针形至线状披针形，长3～7cm，宽1～1.3cm，顶端钝尖或钝形，基部楔形，全缘，上面幼时具银白色圆形鳞片，成熟后部分脱落，带绿色，下面灰白色，密被白色鳞片，有光泽，侧脉不甚明显；叶柄纤细，银白色，长5～10mm。花银白色，直立或近直立，密被银白色鳞片，芳香，常1～3花簇生新枝基部最初5～6片叶的叶腋；花梗长2～3mm；萼筒钟形，长4～5mm，在裂片下面不收缩或微收缩，在子房上骤收缩，裂片宽卵形或卵状矩圆形，长3～4mm，顶端钝渐尖，内面被白色星状柔毛；雄蕊几无花丝，花药淡黄色，矩圆形，长2.2mm；花柱直立，无毛，上端甚弯曲；花盘明显，圆锥形，包围花柱的基部，无毛。果实椭圆形，长9～12mm，直径6～10mm，粉红色，密被银白色鳞片；果肉乳白色，粉质；果梗短，粗壮，长3～6mm。花期5～6月，果期9月。

濒危等级： 无危。

分布与生境： 通常为栽培植物。

资源价值： 能保持水土，抗风沙；果肉可生食或熟食；花可提芳香油，亦是蜜源植物；木材坚韧细密，可作家具、农具等；果实、叶、根可入药。

中国沙棘 *Hippophae rhamnoides* subsp. *sinensis*

胡颓子科 Elaeagnaceae　沙棘属 *Hippophae*

名称变化： 无变化。

识别要点： 落叶灌木或乔木，高1～5m，高山沟谷可达18m。棘刺较多，粗壮，顶生或侧生；嫩枝褐绿色，密被银白色而带褐色鳞片或有时具白色星状柔毛，老枝灰黑色，粗糙；芽大，金黄色或锈色。单叶通常近对生，与枝条着生相似，纸质，狭披针形或矩圆状披针形，长30～80mm，宽4～10（～13）mm，两端钝形或基部近圆形，基部最宽，上面绿色，初被白色盾形毛或星状柔毛，下面银白色或淡白色，被鳞片，无星状毛；叶柄极短，几无或长1～1.5mm。果实圆球形，直径4～6mm，橙黄色或橘红色；果梗长1～2.5mm；种子小，阔椭圆形至卵形，有时稍扁，长3～4.2mm，黑色或紫黑色，具光泽。花期4～5月，果期9～10月。

濒危等级： 无危。

分布与生境： 常生于海拔800～3600m温带地区向阳的山嵴、谷地、干涸河床地或山坡，多砾石或沙质土壤或黄土上。

资源价值： 优良的防风固沙植物。

牻牛儿苗 *Erodium stephanianum*

牻牛儿苗科Geraniaceae 牻牛儿苗属 *Erodium*

名称变化： 无变化。

识别要点： 多年生草本，高通常15～50cm。根为直根，较粗壮，少分枝。茎多数，仰卧或蔓生，具节，被柔毛。叶对生；托叶三角状披针形，分离，被疏柔毛，边缘具缘毛；基生叶和茎下部叶具长柄，柄长为叶片的1.5～2倍，被开展的长柔毛和倒向短柔毛；叶片轮廓卵形或三角状卵形，基部心形，长5～10cm，宽3～5cm，二回羽状深裂，小裂片卵状条形，全缘或具疏齿，表面被疏伏毛，背面被疏柔毛，沿脉被毛较密。伞形花序腋生，明显长于叶，总花梗被开展长柔毛和倒向短柔毛，每梗具2～5花；苞片狭披针形，分离；花梗与总花梗相似，等于或稍长于花，花期直立，果期开展，上部向上弯曲；萼片矩圆状卵形，长6～8mm，宽2～3mm，先端具长芒，被长糙毛，花瓣紫红色，倒卵形，等于或稍长于萼片，先端圆形或微凹；雄蕊稍长于萼片，花丝紫色，中部以下扩展，被柔毛；雌蕊被糙毛，花柱紫红色。蒴果长约4cm，密被短糙毛。种子褐色，具斑点。花期6～8月，果期8～9月。

濒危等级： 无危。

分布与生境： 生于干旱山坡、农田边、沙质河滩地和草原凹地等。

资源价值： 全草供药用，有祛风除湿和清热解毒功效。

野西瓜苗 *Hibiscus trionum*

锦葵科 **Malvaceae** 木槿属 *Hibiscus*

名称变化： 无变化。

识别要点： 一年生直立或平卧草本，高25～70cm。茎柔软，被白色星状粗毛。叶二型，下部的叶圆形，不分裂，上部的叶掌状3～5深裂，直径3～6cm，中裂片较长，两侧裂片较短，裂片倒卵形至长圆形，通常羽状全裂，上面疏被粗硬毛或无毛，下面疏被星状粗刺毛；叶柄长2～4cm，被星状粗硬毛和星状柔毛；托叶线形，长约7mm，被星状粗硬毛。花单生于叶腋，花梗长约2.5cm，果时延长达4cm，被星状粗硬毛；小苞片12，线形，长约8mm，被粗长硬毛，基部合生；花萼钟形，淡绿色，长1.5～2cm，被粗长硬毛或星状粗长硬毛，裂片5，膜质，三角形，具纵向紫色条纹，中部以上合生；花淡黄色，内面基部紫色，直径2～3cm，花瓣5，倒卵形，长约2cm，外面疏被极细柔毛；雄蕊柱长约5mm，花丝纤细，长约3mm，花药黄色；花柱枝5，无毛。蒴果长圆状球形，直径约1cm，被粗硬毛，果爿5，果皮薄，黑色；种子肾形，黑色，具腺状突起。花期7～10月。

濒危等级： 无危。

分布与等级： 生于平原、山野、丘陵或田埂，处处有之，是常见的田间杂草。

资源价值： 全草和果实、种子可作药用，治烫伤、烧伤、急性关节炎等。

鹅绒藤 *Cynanchum chinense*

萝摩科 Asclepiadaceae 鹅绒藤属 *Cynanchum*

名称变化： 现转入夹竹桃科 Apocynaceae，其余无变化。

识别要点： 缠绕草本。主根圆柱状，长约20cm，直径约5mm，干后灰黄色；全株被短柔毛。叶对生，薄纸质，宽三角状心形，长2.5～9cm，宽4～7cm，顶端锐尖，基部心形，叶面深绿色，叶背苍白色，两面均被短柔毛，脉上较密；侧脉约10对，在叶背略为隆起。伞形聚伞花序腋生，两歧，着花约20朵；花萼外面被柔毛；花冠白色，裂片长圆状披针形；副花冠二形，杯状，上端裂成10个丝状体，分为两轮，外轮约与花冠裂片等长，内轮略短；花粉块每室1个，下垂；花柱头略为突起，顶端2裂。蓇葖双生或仅有1个发育，细圆柱状，向端部渐尖，长11cm，直径5mm。种子长圆形；种毛白色绢质。花期6～8月，果期8～10月。

濒危等级： 无危。

分布与生境： 生于海拔500m以下的山坡向阳灌木丛中或路旁、河畔、田埂边。

资源价值： 全株可作驱风剂。

地梢瓜 *Cynanchum thesioides*

萝藦科 Asclepiadaceae　鹅绒藤属 *Cynanchum*

名称变化： 现转入夹竹桃科 Apocynaceae，其余无变化。

识别要点： 直立半灌木。地下茎单轴横生；茎自基部多分枝。叶对生或近对生，线形，长3～10cm，宽2～23mm，叶背中脉隆起。伞形聚伞花序腋生；花萼外面被柔毛；花冠绿白色；副花冠杯状，裂片三角状披针形，渐尖，高过药隔的膜片。蓇葖纺锤形，先端渐尖，中部膨大，长5～6cm，直径2cm。种子扁平，暗褐色，长8mm；种毛白色绢质，长2cm。花期5～8月，果期8～10月。

濒危等级： 无危。

分布与生境： 生于海拔200～2000m的山坡、沙丘或干旱山谷、荒地、田边等处。

资源价值： 全株可作驱风剂。

白麻 *Apocynum pictum*

夹竹桃科 Apocynaceae　罗布麻属 *Apocynum*

名称变化： 原属于白麻属 *Poacynum*，其余无变化。

识别要点： 直立半灌木，高 0.5～2m，基部木质化。茎黄绿色，有条纹。小枝倾向茎的中轴，幼嫩部分与苞片、小苞片、花梗、花萼的外面均被灰褐色柔毛，尤其在花梗及花萼外面为密。叶坚纸质，互生，稀在茎的上部对生，线形至线状披针形，长 1.5～3.5cm，宽 0.3～0.8cm（最小的 0.8cm×0.15cm，最大的 4.5cm×0.8cm），先端渐尖，狭成急尖头，基部楔形，边缘具细牙齿，表面具颗粒状突起；中脉在叶背略为隆起，侧脉每边约 15 条左右，幼嫩时不明显；叶柄长 2～5mm。圆锥状的聚伞花序一至多歧，顶生；苞片及小苞片披针形，长约 3mm，宽约 1mm；花梗老时向下弯曲，长 5～7mm；花萼 5 裂，下部合生，内无腺体，裂片卵圆状三角形，长约 1.5mm，宽约 1mm；花冠骨盆状，粉红色，长达 1.5cm，直径 1.5cm，稀达 2cm，裂片 5 枚，每裂片有三条深紫色条纹，宽三角形，先端钝或圆形，长约 4.5mm，宽约 5mm；副花冠着生在花冠筒的基部，裂片 5 枚，三角形，基部合生，上部离生，先端长渐尖突起；雄蕊 5 枚，与副花冠裂片互生，花丝短，被茸毛，花药箭头状，先端急尖，基部具耳，耳基部紧接或重叠；花盘肉质环状，高及子房的 1/3～1/2；子房半下位，由 2 枚离生心皮所组成，基部埋藏于花托中，花柱圆柱状，柱头顶端钝，2 裂，基部盘状。蓇葖 2 枚，平行或略为叉生，倒垂，长 17～24.5cm，直径 3～4mm，外果皮灰褐色，有细纵纹。种子红褐色，长圆形，长 2～3mm，顶端具一簇白色绢质种毛；种毛长约 2cm。花期 4～9 月（盛开期 6～7 月），果期 7～12 月（成熟期 9～10 月）。

濒危等级： 无危。

分布与生境： 生于盐碱荒地、河流两岸冲积地及湖泊、水田周围。

资源价值： 纤维植物、药用植物、蜜源植物。

罗布麻 *Apocynum venetum*

夹竹桃科 Apocynaceae　罗布麻属 *Apocynum*

名称变化：无变化。

识别要点：直立半灌木，一般高约2m，最高可达4m，具乳汁。枝条对生或互生，圆筒形，光滑无毛，紫红色或淡红色。叶对生，仅在分枝处为近对生，叶片椭圆状披针形至卵圆状长圆形，长1～8cm，宽0.5～1.5cm（最大的达8cm×2.2cm），顶端急尖至钝，具短尖头，基部急尖至钝，叶缘具细牙齿，两面无毛；叶脉纤细，在叶背微凸或扁平，在叶面不明显，侧脉每边10～15条，在叶缘前网结；叶柄长3～6mm；叶柄间具腺体，老时脱落。圆锥状聚伞花序一至多歧，通常顶生，有时腋生，花梗长约4mm，被短柔毛；苞片膜质，披针形，长约4mm，宽约1mm；小苞片长1～5mm，宽0.5mm；花萼5深裂，裂片披针形或卵圆状披针形，两面被短柔毛，边缘膜质，长约1.5mm，宽约0.6mm；花冠圆筒状钟形，紫红色或粉红色，两面密被颗粒状突起，花冠筒长6～8mm，直径2～3mm，花冠裂片基部向右覆盖，裂片卵圆状长圆形，稀宽三角形，顶端钝或浑圆，与花冠筒几乎等长，长3～4mm，宽1.5～2.5mm，每裂片内外均具3条明显紫红色的脉纹；雄蕊着生在花冠筒基部，与副花冠裂片互生，长2～3mm；花药箭头状，顶端渐尖，隐藏在花喉内，背部隆起，腹部黏生在柱头基部，基部具耳，耳通常平行，有时紧接或辏合，花丝短，密被白茸毛；雌蕊长2～2.5mm，花柱短，上部膨大，下部缩小，柱头基部盘状，顶端钝，2裂；子房由2枚离生心皮所组成，被白色茸毛，每心皮有胚珠多数，着生在子房的腹缝线侧膜胎座上；花盘环状，肉质，顶端不规则5裂，基部合生，环绕子房，着生在花托上。蓇葖2，平行或叉生，下垂，箸状圆筒形，长8～20cm，直径2～3mm，顶端渐尖，基部钝，外果皮棕色，无毛，有纸纵纹。种子多数，卵圆状长圆形，黄褐色，长2～3mm，直径0.5～0.7mm，顶端有一簇白色绢质的种毛；种毛长1.5～2.5cm；子叶长卵圆形，与胚根近等长，长约1.3mm；胚根在上。花期4～9月（盛开期6～7月），果期7～12月（成熟期9～10月）。

濒危等级：无危。

分布与生境：生于盐碱荒地、沙漠边缘、河流两岸、冲积平原、河泊周围及戈壁荒滩上。

资源价值：纤维植物、药用植物、蜜源植物。

蒙古莸 *Caryopteris mongholica*

马鞭草科 Verbenaceae　莸属 *Caryopteris*

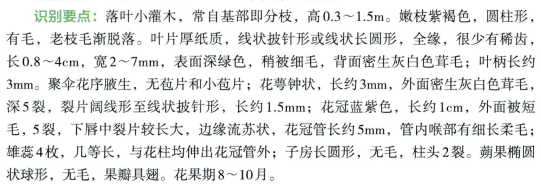

名称变化： 现转入唇形科 Lamiaceae，其余无变化。

识别要点： 落叶小灌木，常自基部即分枝，高 0.3～1.5m。嫩枝紫褐色，圆柱形，有毛，老枝毛渐脱落。叶片厚纸质，线状披针形或线状长圆形，全缘，很少有稀齿，长 0.8～4cm，宽 2～7mm，表面深绿色，稍被细毛，背面密生灰白色茸毛；叶柄长约 3mm。聚伞花序腋生，无苞片和小苞片；花萼钟状，长约 3mm，外面密生灰白色茸毛，深 5 裂，裂片阔线形至线状披针形，长约 1.5mm；花冠蓝紫色，长约 1cm，外面被短毛，5 裂，下唇中裂片较长大，边缘流苏状，花冠管长约 5mm，管内喉部有细长柔毛；雄蕊 4 枚，几等长，与花柱均伸出花冠管外；子房长圆形，无毛，柱头 2 裂。蒴果椭圆状球形，无毛，果瓣具翅。花果期 8～10 月。

濒危等级： 无危。

分布与生境： 生于海拔 1100～1250m 的干旱坡地、沙丘荒野及干旱碱质土壤上。

资源价值： 全草味甘性温，可消食理气、祛风湿、活血止痛功效。

黑果枸杞 *Lycium ruthenicum*

茄科Solanaceae 枸杞属 *Lycium*

名称变化： 无变化。

识别要点： 多棘刺灌木，高20～50（～150）cm。多分枝；分枝斜升或横卧于地面，白色或灰白色，坚硬，常成"之"字形曲折，有不规则的纵条纹，小枝顶端渐尖成棘刺状，节间短缩，每节有长0.3～1.5cm的短棘刺；短枝位于棘刺两侧，在幼枝上不明显，在老枝上则成瘤状，生有簇生叶或花、叶同时簇生，更老的枝则短枝成不生叶的瘤状突起。叶2～6枚簇生于短枝上，在幼枝上则单叶互生，肥厚肉质，近无柄，条形、条状披针形或条状倒披针形，有时成狭披针形，顶端钝圆，基部渐狭，两侧有时稍向下卷，中脉不明显，长0.5～3cm，宽2～7mm。花1～2朵生于短枝上；花梗细瘦，长0.5～1cm；花萼狭钟状，长4～5mm，果时稍膨大成半球状，包围于果实中下部，不规则2～4浅裂，裂片膜质，边缘有稀疏缘毛；花冠漏斗状，浅紫色，长约1.2cm，筒部向檐部稍扩大，5浅裂，裂片矩圆状卵形，长约为筒部的1/2～1/3，无缘毛，耳片不明显；雄蕊稍伸出花冠，着生于花冠筒中部，花丝离基部稍上处有疏绒毛，同样在花冠内壁等高处亦有稀疏绒毛；花柱与雄蕊近等长。浆果紫黑色，球状，有时顶端稍凹陷，直径4～9mm。种子肾形，褐色，长1.5mm，宽2mm。花果期5～10月。

濒危等级： 无危。

分布与生境： 耐干旱，常生于盐碱土荒地、沙地或路旁。

资源价值： 可作为水土保持的灌木。国家二级保护野生植物。

枸杞 *Lycium chinense*

茄科Solanaceae 枸杞属 *Lycium*

名称变化： 无变化。

识别要点： 多分枝灌木，高0.5～1m，栽培时可达2m多。枝条细弱，弓状弯曲或俯垂，淡灰色，有纵条纹，棘刺长0.5～2cm，生叶和花的棘刺较长，小枝顶端锐尖成棘刺状。叶纸质（栽培者质稍厚），单叶互生或2～4枚簇生，卵形、卵状菱形、长椭圆形、卵状披针形，顶端急尖，基部楔形，长1.5～5cm，宽0.5～2.5cm，栽培者较大，可长达10cm以上，宽达4cm；叶柄长0.4～1cm。花在长枝上单生或双生于叶腋，在短枝上则同叶簇生；花梗长1～2cm，向顶端渐增粗；花萼长3～4mm，通常3中裂或4～5齿裂，裂片多少有缘毛；花冠漏斗状，长9～12mm，淡紫色，筒部向上骤然扩大，稍短于或近等于檐部裂片，5深裂，裂片卵形，顶端圆钝，平展或稍向外反曲，边缘有缘毛，基部耳显著；雄蕊较花冠稍短，或因花冠裂片外展而伸出花冠，花丝在近基部处密生一圈绒毛并交织成椭圆状的毛丛，与毛丛等高处的花冠筒内壁亦密生一环绒毛；花柱稍伸出雄蕊，上端弓弯，柱头绿色。浆果红色，卵状，栽培者可成长矩圆状或长椭圆状，顶端尖或钝，长7～15mm，栽培者长可达2.2cm，直径5～8mm。种子扁肾脏形，长2.5～3mm，黄色。花果期6～11月。

濒危等级： 无危。

分布与生境： 常生于山坡、荒地、丘陵地、盐碱地、路旁及村边住宅旁。

资源价值： 果实、根皮，有解热止咳功效；嫩叶可作蔬菜；也可作为水土保持的灌木。

大车前 *Plantago major*

车前科 Plantaginaceae　车前属 *Plantago*

名称变化： 无变化。

识别要点： 二年生或多年生草本。须根多数。根茎粗短。叶基生呈莲座状，平卧、斜展或直立；叶片草质、薄纸质或纸质，宽卵形至宽椭圆形，长3～18（～30）cm，宽2～11（～21）cm，先端钝尖或急尖，边缘波状、疏生不规则牙齿或近全缘，两面疏生短柔毛或近无毛，少数被较密的柔毛，脉（3～）5～7条；叶柄长（1～）3～10（～26）cm，基部鞘状，常被毛。花序1至数个；花序梗直立或弓曲上升，长（2～）5～18（～45）cm，有纵条纹，被短柔毛或柔毛；穗状花序细圆柱状，（1～）3～20（～40）cm，基部常间断；苞片宽卵状三角形，长1.2～2mm，宽与长约相等或略超过，无毛或先端疏生短毛，龙骨突宽厚；花无梗；花萼长1.5～2.5mm，萼片先端圆形，无毛或疏生短缘毛，边缘膜质，龙骨突不达顶端，前对萼片椭圆形至宽椭圆形，后对萼片宽椭圆形至近圆形；花冠白色，无毛，冠筒等长或略长于萼片，裂片披针形至狭卵形，长1～1.5mm，于花后反折；雄蕊着生于冠筒内面近基部，与花柱明显外伸，花药椭圆形，长1～1.2mm，通常初为淡紫色，稀白色，干后变淡褐色。胚珠12至40余个；蒴果近球形、卵球形或宽椭圆球形，长2～3mm，于中部或稍低处周裂。种子（8～）12～24（～34），卵形、椭圆形或菱形，长0.8～1.2mm，具角，腹面隆起或近平坦，黄褐色；子叶背腹向排列。花期6～8月，果期7～9月。

濒危等级： 无危。

分布与生境： 生于海拔3～3200m的草地、沟边、河岸湿地、田边、路旁或村边空旷处。

资源价值： 牧草植物。

小车前 *Plantago minuta*

车前科 Plantaginaceae 车前属 *Plantago*

名称变化： 无变化。

识别要点： 一年生或多年生小草本。叶、花序梗及花序轴密被灰白色或灰黄色长柔毛，有时变近无毛。直根细长，无侧根或有少数侧根；根茎短。叶基生呈莲座状，平卧或斜展；叶片硬纸质，线形、狭披针形或狭匙状线形，长3～8cm，宽1.5～8mm，先端渐尖，边缘全缘，基部渐狭并下延，叶柄不明显，脉3条，基部扩大成鞘状。花序2至多数；花序梗直立或弓曲上升，长（1～）2～12cm，纤细；穗状花序短圆柱状至头状，长0.6～2cm，紧密，有时仅具少数花；苞片宽卵形或宽三角形，长2.2～2.8mm，宽稍过于长，龙骨突延及顶端，先端钝圆，干时变黑褐色，与萼片外面密生或疏生长柔毛，或仅龙骨状及边缘有长柔毛，毛宿存或于花后脱落，稀近无毛；花萼长2.7～3mm，龙骨突较宽厚，延至萼片顶端，前对萼片椭圆形或宽椭圆形，后对萼片宽椭圆形；花冠白色，无毛，冠筒约与萼片等长，裂片狭卵形，长1.4～2mm，全缘或先端波状或有啮齿状细齿，中脉明显，花后反折；雄蕊着生于冠筒内面近顶端，花丝与花柱明显外伸，花药近圆形，先端具三角形小尖头，长约1mm，干后黄色。胚珠2；蒴果卵球形或宽卵球形，长3.5～4（～5）mm，于基部上方周裂。种子2，椭圆状卵形或椭圆形，长（2.5～）3～4mm，深黄色至深褐色，有光泽，腹面内凹成船形；子叶左右向排列。花期6～8月，果期7～9月。

濒危等级： 无危。

分布与生境： 生于海拔400～4300m的戈壁滩、沙地、沟谷、河滩、沼泽地、盐碱地、田边。

资源价值： 牧草植物。

黑沙蒿 *Artemisia ordosica*

菊科 Asteraceae　蒿属 *Artemisia*

名称变化：无变化。

识别要点：小灌木。主根粗而长，木质，侧根多；根状茎粗壮，直径1～3cm，具多枚营养枝。茎多枚，高50～100cm，茎皮老时常呈薄片状剥落，分枝多，枝长10～35cm，老枝暗灰白色或暗灰褐色，当年生枝紫红色或黄褐色，茎、枝与营养枝常组成大的密丛。叶黄绿色，初时两面微有短柔毛，后无毛，多少半肉质，干后坚硬；茎下部叶宽卵形或卵形，一至二回羽状全裂，每侧有裂片3～4枚，基部裂片最长，有时再2～3全裂，小裂片狭线形，叶柄短，基部稍宽大；中部叶卵形或宽卵形，长3～5（～7）cm，宽2～4cm，一回羽状全裂，每侧裂片2～3枚，裂片狭线形，长1.5～3cm，宽0.5～1mm，通常向中轴方向弯曲或不弧曲；上部叶5或3全裂，裂片狭线形，无柄；苞片叶3全裂或不分裂，裂片或不分裂之苞片叶狭线形。头状花序多数，卵形，直径1.5～2.5mm，有短梗及小苞叶，斜生或下垂，在分枝上排成总状或复总状花序，并在茎上组成开展的圆锥花序；总苞片3～4层，外、中层总苞片卵形或长卵形，背面黄绿色，无毛，边缘膜质，内层总苞片长卵形或椭圆形，半膜质；雌花10～14朵，花冠狭圆锥状，檐部具2裂齿，花柱长，伸出花冠外，先端2叉；两性花5～7朵，不孕育，花冠管状，花药线形，顶端附属物尖，长三角形，基部圆钝，花柱短，先端圆，棒状，2裂，不叉开，退化子房不明显。瘦果倒卵形，果壁上具细纵纹并有胶质物。花果期7～10月。

濒危等级：无危。

分布与生境：多生于海拔1500m以下的荒漠与半荒漠地区的流动与半流动沙丘或固定沙丘上，也生于干草原与干旱的坡地上，在荒漠与半荒漠地区常组成植物群落的优势种或主要伴生种。

资源价值：良好的固沙植物之一；枝、叶入药；牧区作牲畜饲料。

灌木亚菊 *Ajania fruticulosa*

菊科 Asteraceae 亚菊属 *Ajania*

名称变化： 无变化。

识别要点： 小半灌木，高8～40cm。老枝麦秆黄色，花枝灰白色或灰绿色，被稠密或稀疏的短柔毛，上部及花序和花梗上的毛较多或更密。中部茎叶全圆形、扁圆形、三角状卵形、肾形或宽卵形，长0.5～3cm，宽1～2.5cm，规则或不规则二回掌状或掌式羽状3～5分裂；一、二回全部全裂；一回侧裂片1对或不明显2对，通常3出，但变异范围在2～5出之间；中上部和中下部的叶掌状3～4全裂或有时掌状5裂，或全部茎叶3裂；全部叶有长或短柄，末回裂片线钻形，宽线形、倒长披针形，宽0.5～5mm，顶端尖或圆或钝，两面同色或几同色，灰白色或淡绿色，被等量的顺向贴伏的短柔毛；叶耳无柄。头状花序小，少数或多数在枝端排成伞房花序或复伞房花序；总苞钟状，直径3～4mm；总苞片4层，外层卵形或披针形，长1mm，中内层椭圆形，长2～3mm；全部苞片边缘白色或带浅褐色膜质，顶端圆或钝，仅外层基部或外层被短柔毛，其余无毛，麦秆黄色，有光泽；边缘雌花5个，花冠长2mm，细管状，顶端3～5齿。瘦果长约1mm。花果期6～10月。

濒危等级： 无危。

分布与生境： 生于海拔550～4400m的荒漠及荒漠草原。

资源价值： 优良的牧草和防风固沙植物。

砂蓝刺头 *Echinops gmelinii*

菊科 Asteraceae　蓝刺头属 *Echinops*

名称变化： 无变化。

识别要点： 一年生草本，高10～90cm。根直伸，细圆锥形。茎单生，淡黄色，自中部或基部有开展的分枝或不分枝，全部茎枝被稀疏的头状具柄的长或短腺毛，有时脱毛至无毛；下部茎叶线形或线状披针形，长3～9cm，宽0.5～1.5cm，基部扩大，抱茎，边缘刺齿或三角形刺齿裂或刺状缘毛；中上部茎叶与下部茎叶同形，但渐小。全部叶质地薄，纸质，两面绿色，被稀疏蛛丝状毛及头状具柄的腺点，或上面的蛛丝毛稍多。复头状花序单生茎顶或枝端，直径2～3cm；头状花序长1.2～1.4cm；基毛白色，不等长，长1cm，约总苞长度之半，细毛状，边缘糙毛状，非扁毛状，上部亦不增宽；全部苞片16～20个；外层苞片线状倒披针形，上部扩大，浅褐色，上部外面被稠密的短糙毛，边缘短缘毛，缘毛细密羽毛状，顶端刺芒状长渐尖，爪部基部有长蛛丝状毛，中部有长达5mm的长缘毛，缘毛上部稍扁平扩大；中层苞片倒披针形，长1.3cm，上部外面被短糙毛，下部外面被长蛛丝状毛，自中部以上边缘短缘毛，缘毛扁毛状，边缘糙毛状或细密羽毛状，自最宽处向上渐尖成刺芒状长渐尖；内层苞片长椭圆形，比中层苞片稍短，顶端芒刺裂，但中间的芒刺裂较长，外面被较多的长蛛丝状毛；小花蓝色或白色，花冠5深裂，裂片线形，花冠管无腺点。瘦果倒圆锥形，长约5mm，被稠密的淡黄棕色的顺向贴伏的长直毛，遮盖冠毛；冠毛量杯状，长1mm；冠毛膜片线形，边缘稀疏糙毛状，仅基部结合。花果期6～9月。

濒危等级： 无危。

分布与生境： 生于海拔580～3120m的山坡砾石地、荒漠草原、黄土丘陵或河滩沙地。

资源价值： 优良的蜜源植物。

蒙古鸦葱 *Scorzonera mongolica*

菊科 Asteraceae　鸦葱属 *Scorzonera*

名称变化： 学名已修订，接受名为 *Takhtajaniantha mongolica*。

识别要点： 茎直立或铺散，上部有分枝，茎枝灰绿色，无毛，茎基被褐或淡黄色鞘状残迹。基生叶长椭圆形、长椭圆状披针形或线状披针形，长2~10cm，基部渐窄成柄，柄基鞘状；茎生叶互生或对生，披针形、长披针形、长椭圆形或线状长椭圆形，基部楔形收窄，无柄；叶肉质，两面无毛，灰绿色。头状花序单生茎端，或茎生2枚头状花序，成聚伞花序状排列；总苞窄圆柱状，径约0.6mm，总苞片4~5层，背面无毛或被蛛丝状柔毛，外层卵形、宽卵形，长3~5mm，中层长椭圆形或披针形，长1.2~1.8cm，内层线状披针形，长2cm；舌状小花黄色。瘦果圆柱状，长5~7mm，淡黄色，被长柔毛，顶端疏被柔毛；冠毛白色，长2.2cm，羽毛状。

濒危等级： 无危。

分布与生境： 生于盐化草甸、盐化沙地、盐碱地、干湖盆、湖盆边缘、草滩及河滩地。

资源价值： 良好的牧草植物，可防风固沙。

乳苣 *Mulgedium tataricum*

菊科 Asteraceae　乳苣属 *Mulgedium*

名称变化： 学名已修订，接受名为 *Lactuca tatarica*。

识别要点： 多年生草本，高 15～60cm。根垂直直伸。茎直立，有细条棱或条纹，上部有圆锥状花序分枝，全部茎枝光滑无毛。中下部茎叶长椭圆形或线状长椭圆形或线形，基部渐狭成短柄，柄长 1～1.5cm 或无柄，长 6～19cm，宽 2～6cm，羽状浅裂或半裂或边缘有多数或少数大锯齿，顶端钝或急尖，侧裂片 2～5 对，中部侧裂片较大，向两端的侧裂片渐小，全部侧裂片半椭圆形或偏斜的宽或狭三角形，边缘全缘或有稀疏的小尖头或边缘多锯齿，顶裂片披针形或长三角形，边缘全缘或边缘细锯齿或稀锯齿；向上的叶与中部茎叶同形或宽线形，但渐小；全部叶质地稍厚，两面光滑无毛。头状花序约含 20 枚小花，多数，在茎枝顶端狭或宽圆锥花序；总苞圆柱状或楔形，长 2cm，宽约 0.8mm，果期不为卵球形；总苞片 4 层，不呈明显的覆瓦状排列，中外层较小，卵形至披针状椭圆形，长 3～8mm，宽 1.5～2mm，内层披针形或披针状椭圆形，长 2cm，宽 2mm，全部苞片外面光滑无毛，带紫红色，顶端渐尖或钝；舌状小花紫色或紫蓝色，管部有白色短柔毛。瘦果长圆状披针形，稍压扁，灰黑色，长 5mm，宽约 1mm，每面有 5～7 条高起的纵肋，中肋稍粗厚，顶端渐尖成长 1mm 的喙；冠毛 2 层，纤细，白色，长 1cm，微锯齿状，分散脱落。花果期 6～9 月。

濒危等级： 无危。

分布与生境： 生于海拔 1200～4300m 的河滩、湖边、草甸、田边、固定沙丘或砾石地。

资源价值： 良好的牧草植物，可食用。

阿尔泰狗娃花 *Heteropappus altaicus*

菊科 Asteraceae　狗娃花属 *Heteropappus*

名称变化： 学名已修订，接受名为 *Aster altaicus*。

识别要点： 多年生草本，有横走或垂直的根。茎直立，高 20～60cm，稀达 100cm，被上曲或有时开展的毛，上部常有腺，上部或全部有分枝。基部叶在花期枯萎；下部叶条形或矩圆状披针形、倒披针形，或近匙形，长 2.5～6cm，稀达 10cm，宽 0.7～1.5cm，全缘或有疏浅齿；上部叶渐狭小，条形；全部叶两面或下面被粗毛或细毛，常有腺点，中脉在下面稍突起。头状花序直径 2～3.5cm，稀 4cm，单生枝端或排成伞房状；总苞半球形，径 0.8～1.8cm；总苞片 2～3 层，近等长或外层稍短，矩圆状披针形或条形，长 4～8mm，宽 0.6～1.8mm，顶端渐尖，背面或外层全部草质，被毛，常有腺，边缘膜质；舌状花约 20 个，管部长 1.5～2.8mm，有微毛；舌片浅蓝紫色，矩圆状条形，长 10～15mm，宽 1.5～2.5mm；管状花长 5～6mm，管部长 1.5～2.2mm，裂片不等大，长 0.6～1mm 或 1～1.4mm。瘦果扁，有疏毛，倒卵状矩圆形，长 2～2.8mm，宽 0.7～1.4mm，灰绿色或浅褐色，被绢毛，上部有腺；冠毛污白色或红褐色，长 4～6mm，有不等长的微糙毛。花果期 5～9 月。

濒危等级： 无危。

分布与生境： 生于草原、荒漠地、沙地及干旱山地。

资源价值： 优质的牧草和防风固沙植物。

中亚紫菀木 *Asterothamnus centraliasiaticus*

菊科 Asteraceae 紫菀木属 *Asterothamnus*

名称变化： 无变化。

识别要点： 多分枝半灌木，高20～40cm。根状茎粗壮，径超过1cm，茎多数，簇生，下部多分枝，上部有花序枝，直立或斜升，基部木质，坚硬，具细条纹，有被绒毛的腋芽，外皮淡红褐色，被灰白色短绒毛，或后多少脱毛，当年生枝被灰白色蜷曲的短绒，后多少脱毛，变绿色。叶较密集，斜上或直立，长圆状线形或近线形，长（8～）12～15mm，宽1.5～2mm，先端尖，基部渐狭，边缘反卷，具1明显的中脉，上面被灰绿色，下面被灰白色蜷曲密绒毛。头状花序较大，长8～10mm，宽约10mm，在茎枝顶端排成疏散的伞房花序，花序梗较粗壮，长或较短，少有具短花序梗而排成密集的伞房花序；总苞宽倒卵形，长6～7mm，宽9mm，总苞片3～4层，覆瓦状，外层较短，卵圆形或披针形，内层长圆形，顶端全部渐尖或稍钝，通常紫红色，背面被灰白色蛛丝状短毛，具1条紫红色或褐色的中脉，具白色宽膜质边缘；外围有7～10个舌状花，舌片开展，淡紫色，长约10mm；中央的两性花11～12个，花冠管状，黄色，长约5mm，檐部钟状，有5个披针形的裂片；花药基部钝，顶端具披针形的附片；花柱分枝顶端有短三角状卵形的附器。瘦果长圆形，长3.5mm，稍扁，基部缩小，具小环，被白色长伏毛；冠毛白色，糙毛状，与花冠等长。花果期7～9月。

濒危等级： 无危。

分布与生境： 生于草原或荒漠地区。

资源价值： 优质的牧草和防风固沙植物。

花花柴 *Karelinia caspia*

菊科 Asteraceae 花花柴属 *Karelinia*

名称变化： 无变化。

识别要点： 多年生草本，高 50～100cm，有时达 150cm。茎粗壮，直立，多分枝，基部径 8～10mm，圆柱形，中空。幼枝有沟或多角形，被密糙毛或柔毛，老枝除有疣状突起外，几无毛，节间长 1～5cm。叶卵圆形、长卵圆形，或长椭圆形，长 1.5～6.5cm，宽 0.5～2.5cm，顶端钝或圆形，基部等宽或稍狭，有圆形或戟形的小耳，抱茎，全缘，有时具稀疏而不规则的短齿，质厚，几肉质，两面被短糙毛，后有时无毛；中脉和侧脉纤细，在下面稍高起。头状花序长 13～15mm，3～7 个生于枝端；花序梗长 5～25mm；苞叶渐小，卵圆形或披针形；总苞卵圆形或短圆柱形，长 10～13mm；总苞片约 5 层，外层卵圆形，顶端圆形，较内层短 3～4 倍，内层长披针形，顶端稍尖，厚纸质，外面被短毡状毛，边缘有较长的缘毛；小花黄色或紫红色；雌花花冠丝状，长 7～9mm；花柱分枝细长，顶端稍尖；两性花花冠细管状，长 9～10mm，上部约 1/4 稍宽大，有卵形被短毛的裂片；花药超出花冠；花柱分枝较短，顶端尖；冠毛白色，长 7～9mm；雌花冠毛有纤细的微糙毛；雄花冠毛顶端较粗厚，有细齿。瘦果长约 1.5mm，圆柱形，基部较狭窄，有 4～5 纵棱，无毛。花期 7～9 月；果期 9～10 月。

濒危等级： 无危。

分布与生境： 生于戈壁滩地、沙丘、草甸盐碱地和苇地水田旁，常大片群生，极常见。

资源价值： 优良的防风固沙植物。

顶羽菊 *Acroptilon repens*

菊科 Asteraceae　顶羽菊属 *Acroptilon*

名称变化： 学名已修订，接受名为 *Rhaponticum repens*。

识别要点： 多年生草本，高25～70cm。根直伸。茎单生，或少数茎成簇生，直立，自基部分枝，分枝斜升，全部茎枝被蛛丝毛，被稠密的叶。全部茎叶质地稍坚硬，长椭圆形或匙形或线形，长2.5～5cm，宽0.6～1.2cm，顶端钝或圆形或急尖而有小尖头，边缘全缘，无锯齿或少数不明显的细尖齿，或叶羽状半裂，侧裂片三角形或斜三角形，两面灰绿色，被稀疏蛛丝毛或脱毛。植株含多数头状花序，头状花序多数在茎枝顶端排成伞房花序或伞房圆锥花序；总苞卵形或椭圆状卵形，直径0.5～1.5cm；总苞片约8层，覆瓦状排列，向内层渐长，外层与中层卵形或宽倒卵形，包括附属物长3～11mm，宽2～6mm，上部有附属物，附属物圆钝；内层披针形或线状披针形，包括附属物长约1.3cm，宽2～3mm，顶端附属物小；全部苞片附属物白色，透明，两面被稠密的长直毛；全部小花两性，管状，花冠粉红色或淡紫色，长1.4cm，细管部长7mm，檐部长7mm，花冠裂片长3mm。瘦果倒长卵形，长3.5～4mm，宽约2.5mm，淡白色，顶端圆形，无果缘，基底着生面稍见偏斜；冠毛白色，多层，向内层渐长，长达1.2cm，全部冠毛刚毛基部不连合成环，不脱落或分散脱落，短羽毛状。花果期5～9月。

濒危等级： 无危。

分布与生境： 生于山坡、丘陵、平原、农田、荒地，极常见广泛分布。

资源价值： 优良的防风固沙植物。

黄花婆罗门参 *Tragopogon orientalis*

菊科 Asteraceae 婆罗门参属 *Tragopogon*

名称变化： 无变化。

识别要点： 二年生草本，高30～60cm。根圆柱状，垂直直伸，根茎被残存的基生叶柄。茎直立，不分枝或分枝，有纵条纹，无毛。基生叶及下部茎叶线形或线状披针形，长10～25（～40）cm，宽3～18（～24）mm，灰绿色，先端渐尖，全缘或皱波状，基部宽，半抱茎；中部及上部茎叶披针形或线形，长3～8cm，宽3～10mm。头状花序单生茎顶或植株含少数头状花序，生枝端；总苞圆柱状，长2～3cm；总苞片8～10枚，披针形或线状披针形，长1.5～3.5cm，宽5～10mm，先端渐尖，边缘狭膜质，基部棕褐色；舌状小花黄色。瘦果长纺锤形，褐色，稍弯曲，长1.5～2cm，有纵肋，沿肋有疣状突起，上部渐狭成细喙，喙长6～8mm，顶端稍增粗，与冠毛连接处有蛛丝状毛环；冠毛淡黄色，长1～1.5cm。花果期5～9月。

濒危等级： 无危。

分布与生境： 生于山地、林缘及草地。

资源价值： 具有牧草价值。

蓼子朴 *Inula salsoloides*

菊科Asteraceae 旋覆花属 *Inula*

名称变化： 无变化。

识别要点： 亚灌木，地下茎分枝长，横走，木质，有疏生膜质尖披针形，长达20mm、宽达4mm的鳞片状叶；节间长达4cm。茎平卧，或斜升，或直立，圆柱形，下部木质，高达45cm，基部径达5mm，基部有密集的长分枝，中部以上有较短的分枝，分枝细，常弯曲，被白色基部常疣状的长粗毛，后上部常脱毛，有时茎和叶都被毛，全部有密生的叶；节间长5～20mm，或在小枝上更短。叶披针状或长圆状线形，长5～10mm，宽1～3mm，全缘，基部常心形或有小耳，半抱茎，边缘平或稍反卷，顶端钝或稍尖，稍肉质，上面无毛，下面有腺及短毛。头状花序径1～1.5cm，单生于枝端；总苞倒卵形，长8～9mm，总苞片4～5层，线状卵圆状至长圆状披针形，渐尖，干膜质，基部常稍革质，黄绿色，背面无毛，上部或全部有缘毛，外层渐小；舌状花较总苞长半倍，舌浅黄色，椭圆状线形，长约6mm，顶端有3个细齿；花柱分枝细长，顶端圆形；管状花花冠长约6mm，上部狭漏斗状，顶端有尖裂片；花药顶端稍尖；花柱分枝顶端钝；冠毛白色，与管状花药等长，有约70个细毛。瘦果长1.5mm，有多数细沟，被腺和疏粗毛，上端有较长的毛。花期5～8月，果期7～9月。

濒危等级： 无危。

分布与生境： 生于海拔500～2000m的干旱草原、半荒漠和荒漠地区的戈壁滩地、流沙地、固定沙丘、湖河沿岸冲积地、黄土高原的风沙地和陵顶部。

资源价值： 良好的固沙植物，由于耐干旱、易繁殖的特性，可供固沙的广泛采用。

沙生针茅 *Stipa glareosa*

禾本科Poaceae　针茅属 *Stipa*

名称变化： 学名已修订，接受名为 *Stipa caucasica* subsp. *glareosa*。

识别要点： 须根粗韧，外具砂套。秆粗糙，高15～25cm，具1～2节，基部宿存枯死叶鞘。叶鞘具密毛；基生与秆生叶舌短而钝圆，长约1mm，边缘具长1～2mm之纤毛；叶片纵卷如针，下面粗糙或具细微的柔毛，基生叶长为秆高2/3。圆锥花序常包藏于顶生叶鞘内，长约10cm，分枝简短，仅具1小穗；颖尖披针形，先端细丝状，基部具3～5脉，长2～3.5cm；外稃长7～9mm，背部的毛呈条状，顶端关节处生1圈短毛，基盘尖锐，密被柔毛，芒一回膝曲扭转，芒柱长1.5cm，具长约2mm之柔毛，芒针长3cm，具长约4mm之柔毛；内稃与外稃近等长，具1脉，背部稀具短柔毛。花果期5～10月。

濒危等级： 无危。

分布与生境： 多生于海拔630～5150m的石质山坡、丘间洼地、戈壁沙滩及河滩砾石地上。

资源价值： 优良牧草。

戈壁针茅 *Stipa tianschanica var. gobica*

禾本科Poaceae 针茅属 *Stipa*

名称变化： 无变化。

识别要点： 秆高17～23cm，具2～3节，无毛或在节的下部具柔毛，基部宿存枯叶鞘。叶鞘无毛，短于节间；基生与秆生叶舌长约1mm，边缘被短柔毛；叶片纵卷如针状，基生叶长为秆高1/2～2/3。圆锥花序紧缩，长约5cm，基部为顶生叶鞘所包；小穗浅绿色；颖披针形，先端长渐尖，3脉，两颖等长或第一颖稍长，长约2.7cm；外稃长7～8mm，顶端光滑，不具毛环，基盘尖锐，长约2mm，密生柔毛，芒一回膝曲扭转，芒柱长约1.2cm，芒针长6～7cm，具长约5mm的羽状毛；内稃与外稃近等长，具2脉，脊上具柔毛。花果期6～7月。

濒危等级： 无危。

分布与生境： 多生于海拔300～4550m的石砾山坡或戈壁滩上。

资源价值： 荒漠草原的宝贵牧草。

芨芨草 *Achnatherum splendens*

禾本科 Poaceae 芨芨草属 *Achnatherum*

名称变化： 学名已修订，接受名为 *Neotrinia splendens*。

识别要点： 植株具粗而坚韧外被砂套的须根。秆直立，坚硬，内具白色的髓，形成大的密丛，高 50～250cm，径 3～5mm，节多聚于基部，具 2～3 节，平滑无毛，基部宿存枯萎的黄褐色叶鞘。叶鞘无毛，具膜质边缘；叶舌三角形或尖披针形，长 5～10（～15）mm；叶片纵卷，质坚韧，长 30～60cm，宽 5～6mm，上面脉纹突起，微粗糙，下面光滑无毛。圆锥花序长（15～）30～60cm，开花时呈金字塔形开展，主轴平滑，或具角棱而微粗糙，分枝细弱，2～6 枚簇生，平展或斜向上升，长 8～17cm，基部裸露；小穗长 4.5～7mm（除芒），灰绿色，基部带紫褐色，成熟后常变草黄色；颖膜质，披针形，顶端尖或锐尖，第一颖长 4～5mm，具 1 脉，第二颖长 6～7mm，具 3 脉；外稃长 4～5mm，厚纸质，顶端具 2 微齿，背部密生柔毛，具 5 脉，基盘钝圆，具柔毛，长约 0.5mm，芒自外稃齿间伸出，直立或微弯，粗糙，不扭转，长 5～12mm，易断落；内稃长 3～4mm，具 2 脉而无脊，脉间具柔毛；花药长 2.5～3.5mm，顶端具毫毛。花果期 6～9 月。

濒危等级： 无危。

分布与生境： 生于海拔 900～4500m 微碱性的草滩及沙土山坡上。

资源价值： 为牲畜良好的饲料；其秆供造纸及人造丝等；叶浸水后可做草绳；又可改良碱地，保护渠道及保持水土。

芦苇 *Phragmites australis*

禾本科Poaceae　芦苇属 *Phragmites*

名称变化： 无变化。

识别要点： 多年生，根状茎十分发达。秆直立，高1～3（～8）m，直径1～4cm，具20多节，基部和上部的节间较短，最长节间位于下部第4～6节，长20～25（～40）cm，节下被腊粉。叶鞘下部者短于上部者，长于其节间；叶舌边缘密生一圈长约1mm的短纤毛，两侧缘毛长3～5mm，易脱落；叶片披针状线形，长30cm，宽2cm，无毛，顶端长渐尖成丝形。圆锥花序大型，长20～40cm，宽约10cm，分枝多数，长5～20cm，着生稠密下垂的小穗；小穗柄长2～4mm，无毛；小穗长约12mm，含4花；颖具3脉，第一颖长4mm，第二颖长约7mm；第一不孕外稃雄性，长约12mm，第二外稃长11mm，具3脉，顶端长渐尖，基盘延长，两侧密生等长于外稃的丝状柔毛，与无毛的小穗轴相连接处具明显关节，成熟后易自关节上脱落；内稃长约3mm，两脊粗糙；雄蕊3，花药长1.5～2mm，黄色。颖果长约1.5mm。

濒危等级： 无危。

分布与生境： 产于全国各地。生于江河湖泽、池塘沟渠沿岸和低湿地。

资源价值： 秆为造纸原料或作编席织帘及建棚材料；茎、叶嫩时为饲料；根状茎供药用，为固堤造陆先锋环保植物。

锋芒草 *Tragus racemosus*

禾本科 Poaceae　锋芒草属 *Tragus*

名称变化：学名已修订，接受名为 *Tragus mongolorum*。

识别要点：一年生。须根细弱。茎丛生，基部常膝曲而伏卧地面，高 15～25cm。叶鞘短于节间，无毛；叶舌纤毛状；叶片长 3～8cm，宽 2～4mm，边缘加厚，软骨质，疏生小刺毛。花序紧密呈穗状，长 3～6cm，宽约 8mm，小穗长 4～4.5mm，通常 3 个簇生，其中 1 个退化，或几残存为柄状；第一颖退化或极微小，薄膜质，第二颖革质，背部有 5（～7）肋，肋上具钩刺，顶端具明显伸出刺外的小头；外稃膜质，长约 3mm，具 3 条不太明显的脉；内稃较外稃稍短，脉不明显；雄蕊 3 枚，花柱 2 裂，柱头 2，帚状，均较简短。颖果棕褐色，稍扁，长 2～3mm。

濒危等级：无危。

分布与生境：生于荒野、路旁、丘陵和山坡草地中，最高海拔可达 3000m。全世界温暖地区均有分布。

资源价值：牧草植物。

冰草 *Agropyron cristatum*

禾本科Poaceae 冰草属 *Agropyron*

名称变化： 无变化。

识别要点： 秆呈疏丛，上部紧接花序部分被短柔毛或无毛，高20～60（～75）cm，有时分蘖横走或下伸成长达10cm的根茎。叶片长5～15（～20）cm，宽2～5mm，质较硬而粗糙，常内卷，上面叶脉强烈隆起成纵沟，脉上密被微小短硬毛。穗状花序较粗壮，矩圆形或两端微窄，长2～6cm，宽8～15mm；小穗紧密平行排列成两行，整齐呈篦齿状，含（3～）5～7小花，长6～9（～12）mm；颖舟形，脊上连同背部脉间被长柔毛，第一颖长2～3mm，第二颖长3～4mm，具略短于颖体的芒；外稃被有稠密的长柔毛或显著地被稀疏柔毛，顶端具短芒长2～4mm；内稃脊上具短小刺毛。

濒危等级： 无危。

分布与生境： 生于干燥草地、山坡、丘陵以及沙地。

资源价值： 为优良牧草，营养价值很好，是中等催肥饲料。

沙鞭 *Psammochloa villosa*

禾本科Poaceae 沙鞭属 *Psammochloa*

名称变化： 无变化。

识别要点： 多年生。具长2～3m的根状茎；秆直立，光滑，高1～2m，径0.8～1cm，基部具有黄褐色枯萎的叶鞘。叶鞘光滑，几包裹全部植株；叶舌膜质，长5～8mm，披针形；叶片坚硬，扁平，常先端纵卷，平滑无毛，长达50cm，宽5～10mm。圆锥花序紧密直立，长达50cm，宽3～4.5cm，分枝数枚生于主轴一侧，斜向上升，微粗糙，小穗柄短；小穗淡黄白色，长10～16mm；两颖近等长或第一颖稍短，披针形，被微毛，具3～5脉，其两边脉短而不很明显；外稃长10～12mm，背部密生长柔毛，具5～7脉，顶端具2微齿，基盘钝，无毛，芒直立，易脱落，长7～10mm；内稃近等长于外稃，背部被长柔毛，圆形无脊，具5脉，中脉不明显，边缘内卷，不为外稃紧密包裹；鳞被3，卵状椭圆形；雄蕊3，花药长约7mm，顶生毫毛。花果期5～9月。

濒危等级： 无危。

分布与生境： 生于海拔910～2900m的沙丘上。

资源价值： 本种具发达的根茎，为良好的固沙植物。

戈壁天门冬 *Asparagus gobicus*

百合科 Liliaceae 天门冬属 *Asparagus*

名称变化：现转入天门冬科 Asparagaceae，其余无变化。

识别要点：半灌木，坚挺，近直立，高 15～45cm。根细长，粗约 1.5～2mm。茎上部通常回折状，中部具纵向剥离的白色薄膜，分枝常强烈迥折状，略具纵凸纹，疏生软骨质齿。叶状枝每 3～8 枚成簇，通常下倾或平展，和分枝交成钝角；近圆柱形，略有几条不明显的钝棱，长 0.5～2.5cm，粗 0.8～1mm，较刚硬；鳞片状叶基部具短距，无硬刺。花每 1～2 朵腋生；花梗长 2～4mm，关节位于近中部或上部；雄花花被长 5～7mm；花丝中部以下贴生于花被片上；雌花略小于雄花。浆果直径 5～7mm，熟时红色，有 3～5 颗种子。花期 5 月，果期 6～9 月。

濒危等级：无危。

分布与生境：生于海拔 1600～2560m 的沙地或多沙荒原上。

资源价值：良好的防风固沙植物，亦可用于饲料。

蒙古韭 *Allium mongolicum*

百合科Liliaceae 葱属 *Allium*

名称变化： 现转入石蒜科Amaryllidaceae，其余无变化。

识别要点： 鳞茎密集地丛生，圆柱状；鳞茎外皮褐黄色，破裂成纤维状，呈松散的纤维状。叶半圆柱状至圆柱状，比花葶短，粗0.5～1.5mm。花葶圆柱状，高10～30cm，下部被叶鞘；总苞单侧开裂，宿存；伞形花序半球状至球状，具多而通常密集的花；小花梗近等长，从与花被片近等长直到比其长1倍，基部无小苞片；花淡红色、淡紫色至紫红色，大；花被片卵状矩圆形，长6～9mm，宽3～5mm，先端钝圆，内轮的常比外轮的长；花丝近等长，为花被片长度的1/2～2/3，基部合生并与花被片贴生，内轮的基部约1/2扩大成卵形，外轮的锥形；子房倒卵状球形；花柱略比子房长，不伸出花被外。

濒危等级： 无危。

分布与生境： 生于海拔800～2800m的荒漠、沙地或干旱山坡。

资源价值： 牧草植物，可食用。

马蔺 *Iris lactea* var. *chinensis*

鸢尾科 Iridaceae 鸢尾属 *Iris*

名称变化： 名称已修订，现已归并至马蔺 *Iris lactea*。

识别要点： 多年生密丛草本。根状茎粗壮，木质，斜伸，外包有大量致密的红紫色折断的老叶残留叶鞘及毛发状的纤维。须根粗而长，黄白色，少分枝。叶基生，坚韧，灰绿色，条形或狭剑形，长约50cm，宽4～6mm，顶端渐尖，基部鞘状，带红紫色，无明显的中脉。花茎光滑，高3～10cm；苞片3～5枚，草质，绿色，边缘白色，披针形，长4.5～10cm，宽0.8～1.6cm，顶端渐尖或长渐尖，内包含有2～4朵花；花乳白色，直径5～6cm；花梗长4～7cm；花被管甚短，长约3mm，外花被裂片倒披针形，长4.5～6.5cm，宽0.8～1.2cm，顶端钝或急尖，爪部楔形，内花被裂片狭倒披针形，长4.2～4.5cm，宽5～7mm，爪部狭楔形；雄蕊长2.5～3.2cm，花药黄色，花丝白色；子房纺锤形，长3～4.5cm。蒴果长椭圆状柱形，长4～6cm，直径1～1.4cm，有6条明显的肋，顶端有短喙；种子为不规则的多面体，棕褐色，略有光泽。

濒危等级： 无危。

分布与生境： 生于荒地、路旁及山坡草丛中。

资源价值： 防风固沙的优良植物。

动 物

密点麻蜥 *Eremias multiocellata*

分类系统	动物界	脊索动物门	爬行纲	有鳞目	蜥蜴科	麻蜥属

形态特征：体形中等；头中等大小；体背为橄榄灰色，腹面为灰白色。体侧有镶黑缘的白斑点且前后相续成纵行直达尾部；背中部具黑色斑，有2～4条浅色纵线。吻钝，吻长大于眼耳间距离；鼻鳞3枚，上鼻鳞最大，两上鼻鳞在吻背面相切；下鼻鳞下面与第1、2上唇鳞相切，后与颊鳞相切；后鼻鳞最小，位于鼻孔后上方，其上面与额鼻鳞相切。耳孔卵圆形，孔径与眼径近乎相等。前额鳞1对，部分个体额鼻鳞间有1枚小鳞；盾形额鳞较大，其长度大于或等于额顶鳞及顶间鳞长度之和；额顶鳞1对，其前外侧与后枚眶上鳞邻接，后外侧与顶鳞邻接；顶鳞1对，顶间鳞1枚在顶鳞的前部，顶鳞与后枚眶上鳞间有一枚小鳞，外侧有一列长形鳞。眶上鳞2对，前枚眶上鳞的长度大于从它到后枚颊鳞间的距离，离间满布小鳞；上睫鳞5枚，第1枚最大，上睫鳞与眶上鳞间有一列粒鳞。1枚大的眶下鳞嵌入第5、6枚上唇鳞间且下达唇缘；颏片5对，前3对在中线相切，第3对最大；领围明显，领围上一横列鳞较大；颏片至领围的中线有小鳞29～32枚；喉褶稍明显，两端连接于耳。无枕鳞，颞部粒鳞光滑。耳前上方有1枚较大鳞片。背覆粒鳞，体中段一横列有粒鳞42～55枚；腹鳞方形大而光滑，斜向腹中线排列，中段每横列12～16枚。尾鳞长方形环状排列。四肢背面为粒鳞和小鳞片。上臂前侧和股前侧、胫腹面均为横的大鳞。趾下瓣具棱。股窝每侧8～13个，两侧股窝在肛前相隔8～11枚鳞片。

分布与生境：省内见于兰州、武山、玉门、酒泉、金塔、安西、敦煌、阿克塞等地，垂直分布为海拔1500～2200m；国内分布于内蒙古、宁夏、新疆、青海等地。生活于干旱荒漠、山地阴坡、且阳坡、田边、路旁、均可见其踪迹，在阿克塞当金山口北坡可见其和青海沙蜥同生活在2200m的戈壁滩。卵胎生。密点麻蜥的天敌有黄脊游蛇及伯劳等。在民勤，密点麻蜥的活动规律与丽斑麻蜥相似。

资源价值：捕食多种有害昆虫，有益农、牧；本体可入药，治疗多种疾病，又能吞食蚊、蝇，有益卫生保健事业；因其本身又可作为蛇、猛禽和某些兽类的饵料，在维持自然生态平衡方面有重要作用。

濒危等级：已被列入《国家保护的有益的或者有重要经济、科学研究价值的陆生野生动物名录》,《中国生物多样性红色名录》评估等级为LC。

荒漠沙蜥 *Phrynocephalus przewalskii*

分类系统	动物界	脊索动物门	爬行纲	有鳞目	鬣蜥科	沙蜥属

形态特征：体扁平，头背有大块黑斑，从颈背向后沿背中线有一条黑色宽纵纹，且于不同体部向两侧延伸形成横斑，左右对称，黑纵纹至尾基部消失；体背纵纹两侧及尾背均为浅橘黄色，幼体腹面为白色，随年龄的增长而变成黑色；雌体腹面色浅，四肢背面有宽的黑横纹，腹面白色；老年个体四肢腹面为灰褐色；尾腹面全为白色，但末端为黑色，通常在黑色之前有黑色环纹。头长大于头宽，吻端突出，上、下唇鳞亦稍突出；鼻孔向前，背视可见鼻孔的横缝。鼻孔由3枚鼻鳞围成，下面1枚较大，上面2枚中的外侧者较小；鼻间鳞3～4列。额向前倾斜，头背鳞片大小不一，两鼻孔后至眶前的鳞大且有棱。体背鳞片大小不一致，通常沿背中线向两侧逐渐变小，背部中央几行鳞棱较强，排成纵行。腹面鳞片近方形，大小近于一致，排列整齐，胸鳞明显起棱，鳞末端尖出，腹部鳞片末端稍钝；四肢背面为具棱的大鳞，腹面鳞光滑或微棱。尾基扁平，后部圆形，尾、背、腹被棱鳞，仅尾基腹面光滑，向后棱渐强，覆瓦状排列；四肢适中，后肢前伸达颞部至眼中部；第3、4趾外具发达的栉状缘。尾长为头体长的117.4%（雄）及129.1%（雌）。

分布与生境：省内常见于张掖、民勤等地，垂直分布为海拔1275～1560m；国内分布于内蒙古、宁夏等地。生活于荒漠草原、沙漠边缘或有砾石的沙土地段。穴居，洞道简单，洞深约250mm，曾发现有雌雄对栖。沙漠每到中午温度增高，沙蜥可爬到沙生灌丛或其他植物上，以渡过高温时段。

资源价值：食多种有害昆虫，特别是蚜虫、蝇和鳞翅目幼虫，有益荒漠草原生态。

濒危等级：已被列入《国家保护的有益的或者有重要经济、科学研究价值的陆生野生动物名录》,《中国生物多样性红色名录》评估等级为LC。

新疆沙虎 *Teratoscincus przewalskii*

分类系统	动物界	脊索动物门	爬行纲	有鳞目	球趾虎科	沙虎属

形态特征： 头大。眶间鳞约48～58列，体背的覆瓦状大鳞前达肩、颈之间。指、趾不扩展，两侧具栉缘。全长120～159mm，头体长大于尾长，为尾长的1.44～1.82倍。吻长将近为眼径的2倍，稍大于眼至耳孔之距，耳孔大而显著。耳径大于眼径1/2，为眼径的55%～91%。吻鳞方形，宽略大于高，上半有中裂。鼻孔位于吻鳞及4枚鼻鳞间，鼻孔下缘的一枚鼻鳞极小。上唇鳞10～11枚，第二上唇鳞比第一上唇鳞高。下唇鳞9～11枚。颏鳞长方形，长大于宽。无有规则的颏片。头部背面被粒鳞，在吻端的较大，在额部的细小。眼眶间的横列鳞48～58枚。自鼻孔至眼的纵列鳞18枚左右。头部腹面被粒鳞，沿喉部中央的粒鳞65～74枚。躯干背面覆瓦状大鳞始自肩、颈之间。腹面的覆瓦状鳞显著比背面的大，在体中部环体排成32～39纵列。前肢除上臂腹面外均被覆瓦状鳞。后肢除大腿背面后1/2及后缘外，均被覆瓦状鳞。尾的截面成圆形；尾部背面有一列指甲状大鳞，通常为11～14枚；尾侧及尾腹面被覆瓦状鳞。枕后及颈背各有一不完全连续的"U"形紫褐斑。躯干背面和尾背分别有4条及2条不明显的暗色宽横斑，体侧散布紫褐色点斑。

分布与生境： 省内常见于敦煌、民勤等地，垂直分布为海拔1500～2000m；国内分布于新疆、内蒙古等地。无亚种。常单栖或对栖，行动迟缓，四肢匍匐地面，沿沙丘或灌木丛边缘潜行；静止时，舌头不断舔舐口唇及眼球表面覆盖的沙土。5月交尾，6～7月产卵，每次产2枚。卵白色，卵壳石灰质而薄。

资源价值： 常代替大壁虎入药，治疮、痈疽。

濒危等级： 已被列入《国家保护的有益的或者有重要经济、科学研究价值的陆生野生动物名录》,《中国生物多样性红色名录》评估等级为NT。

环颈雉 *Phasianus colchicus*

| 分类系统 | 动物界 | 脊索动物门 | 鸟纲 | 鸡形目 | 雉科 | 雉属 |

形态特征：个体大小和羽色变化大，但基本特征相同，雄鸟前额和上嘴基部黑色，富有蓝绿色光泽。头顶棕褐色，眉纹白色，眼先和眼周裸出皮肤绯红色。在眼后裸皮上方，白色眉纹下还有一小块蓝黑色短羽，在相对应的眼下亦有一块更大些的蓝黑色短羽。耳羽丛亦为蓝黑色。颈部有一黑色环带，一直延伸到颈侧与喉部的黑色相连，且具绿色金属光泽。在此黑环下有一比黑环更窄些的白色环带，一直延伸到前颈，形成一完整的白色颈环，其中前颈比后颈白带更为宽阔。上背羽毛基部紫褐色，具白色羽干纹，端部羽干纹黑色，两侧为金黄色。背和肩栗红色。下背和腰两侧蓝灰色，中部灰绿色，且具黄黑相间排列的波浪形横斑。尾上覆羽黄绿色，部分末梢沾有土红色。小覆羽、中覆羽灰色，大覆羽灰褐色，具栗色羽缘。飞羽褐色，初级飞羽具锯齿形白色横斑，次级飞羽外翈具白色虫蠹斑和横斑。三级飞羽棕褐色，具波浪形白色横斑，

外翈羽缘栗色，内翈羽缘棕红色。尾羽黄灰色，除最外侧两对外，均具一系列交错排列的黑色横斑；黑色横斑两端又联结栗色横斑。颏、喉黑色，具蓝绿色金属光泽。胸部呈带紫的铜红色，亦具金属光泽，羽端具有倒置的锚状黑斑或羽干纹。两胁淡黄色，近腹部栗红色，羽端具一大形黑斑。腹黑色。尾下腹羽棕栗色。雄鸟头部具黑色光泽，有显眼的耳羽簇；眼周宽大，裸皮鲜红色；满身点缀着发光羽毛，多为墨绿色至铜色至金色；两翼灰色；尾长而尖，褐色并带黑色横纹。雌鸟形小而色暗淡，周身密布浅褐色斑纹，羽色亦不如雄鸟艳丽，头顶和后颈棕白色，具黑色横斑。肩和背栗色，杂有粗的黑纹和宽的淡红色羽缘；下背、腰和尾上覆羽，羽色逐渐变淡，呈棕红色和淡棕色，且具黑色中央纹和窄的灰白色羽缘，尾亦较雄鸟为短，呈灰棕褐色。颏、喉棕白色，下体余部沙黄色，胸和两胁具黑色沾棕的斑纹。虹膜栗红色（♂）或淡红褐色（♀），喙暗白色，基部灰色（♂）或端部绿黄色，基部灰褐色（♂），跗跖黄绿色，其上有短距（♂），跗跖红绿色，无距（♀）。

分布与生境： 在中国分布范围很广，除海南岛和西藏的羌塘高原外遍及全国，在欧洲东南部、中亚、西亚及美国、蒙古国、朝鲜、俄罗斯、越南和缅甸等国也有分布。栖息于中、低山丘陵的灌丛、竹丛或草丛中。善走而不能久飞，飞行快速而有力。夏季繁殖期，可上迁高山坡处，冬季迁至山脚草原及田野间。

资源价值： 在繁殖期中，雉鸡主要吃草籽、草芽及野生植物等，还兼吃蝗蝻、甲虫及其他害虫等，对农业无害而有益。雉鸡在狩猎鸟类中数量较多，分布较广，是国内主要的狩猎禽之一。它的肉质坚实而肥，口味鲜美，是有名的野味。除供食用外，雉鸡体上的彩色羽毛，特别是雄雉的尾羽，均可供作饰羽工艺用；全身带羽的皮张也可作为装饰品。

濒危等级： 已被列入《国家保护的有益的或者有重要经济、科学研究价值的陆生野生动物名录》，《中国生物多样性红色名录》评估等级为LC。

大斑啄木鸟 *Dendrocopos major*

分类系统	动物界	脊索动物门	鸟纲	啄木鸟目	啄木鸟科	黑啄木鸟属

形态特征： 体形中等，为常见型黑白相间的啄木鸟。雄鸟枕部具狭窄的红色斑，而雌鸟无此特征。两性臀部均为鲜红色，下体污白色，胸部无红色或橙红色纵纹，可与赤胸啄木鸟及棕腹啄木鸟区分。上体主要为黑色，额、颊和耳羽为白色，肩和翅上各具一块大的白斑。尾黑色，外侧尾羽具黑白相间的横斑，飞羽亦具黑白相间横斑。下腹至尾下覆羽鲜红色。雄鸟头顶黑色且具蓝色光泽，枕具辉红色斑，后枕具窄的黑色横带。雌鸟头顶及枕至后颈为辉黑色而具蓝色光泽，耳羽棕白色，其余与雄鸟相似。相似种白背啄木鸟的下背和腰为白色，下体具黑色纵纹，雄鸟头顶为红色，野外区分明显。幼鸟（雄性）整个头顶暗红色，背部及两翅为较成鸟浅淡的黑褐色。前颈、胸、两胁和上腹棕白色，下腹至尾下覆羽浅桃红色。虹膜暗红色；喙灰色或铅黑色；脚灰色或褐色。

分布与生境： 省内见于陇东、陇东南、兰州中部、陇南文县、甘南迭部、河西走廊等地；国内除西藏、台湾外，几遍全国各省区。栖息于山地和平原针叶林、针阔叶混交林和阔叶林中，尤以混交林和阔叶林较多，也出现于林缘次生林和农田地边疏林及灌丛地带。常单独或成对活动，繁殖后期则成松散的家族群活动。多在树干和粗枝上觅食。

资源价值： 杂食性鸟类。食物主要成分为森林有害昆虫，食量很大，几乎全天都在寻找食物。有人估算，一公顷森林中如有2对啄木鸟，则危害林木的天牛及其他昆虫是繁殖不起来的。由于它们有从树干中钩出害虫的特殊本领，而且寻食时借叩打的方式，确似医生诊病，故有"森林医生"之称。由于它们也常到农田、草原坡坎上啄食，也惠及草场和农作物。有时它们因找虫啄破树皮，致使树木感染生病，但这毕竟是很少的情况，因此，它们是森林生态系统中的"卫士"，是益鸟。

濒危等级： 已被列入《国家保护的有益的或者有重要经济、科学研究价值的陆生野生动物名录》，《中国生物多样性红色名录》评估等级为LC。

老侯 摄

老侯 摄

老侯 摄

戴胜 *Upupa epops*

分类系统	动物界	脊索动物门	鸟纲	犀鸟目	戴胜科	戴胜属

形态特征: 头顶具明显羽冠; 两翅及尾黑色, 具白色和棕色横斑; 下体棕色。头顶、头侧及颈部棕栗色, 头顶羽毛延长成扇形棕色羽冠, 各羽具黑色端斑, 后部黑色端斑下缘具不太明显的白斑; 头侧、后颈淡栗棕色; 上背、肩羽和翅上小覆羽棕褐色, 下背黑杂淡棕色和白色宽形横斑; 翅上大、中覆羽黑色, 且具白色横斑并有淡棕色渲染; 初级飞羽黑色, 羽端1/3处有一道白色宽斑, 第1枚飞羽小, 内侧2~3枚的初级飞羽内翈白斑呈新月形; 次级飞羽亦为黑色, 各羽内、外翈具对称排列的4道白斑; 三级飞羽黑褐色, 羽缘和羽中央具棕色或白色块斑和缘斑; 腰羽白; 尾上覆羽基部白色, 先端黑色; 尾呈平尾状, 尾羽黑色, 各羽中央横贯一道白色宽斑。颏, 喉及胸棕栗色; 腹部白色, 具有黑褐色纵纹, 前腹有棕色渲染; 腋羽和翅下覆羽淡棕色, 羽缘白色, 但雌性腋羽和翅下覆羽常缀以黑褐色; 尾下覆羽白色。幼鸟羽色较苍淡, 上腹沾灰棕色; 两胁纵纹明显; 腋羽和翅下覆羽白色且密杂黑褐色斑纹。虹膜暗褐色, 喙端黑色, 跗跖和趾铅灰红色, 爪黑色。

分布与生境: 本科鸟类仅有1属1种, 广布欧亚大陆和非洲。省内见于陇南、天水、兰州、武山、临洮、天祝、碌曲和西部阿克塞; 国内分布几遍全国, 西北自新疆至青海, 长江以北地区为夏候鸟, 部分有冬眠现象, 长江以南为留鸟。戴胜在省内为夏候鸟, 每年见到最早时间是3月下旬, 10月上、中旬离去, 在陇南也有留居现象。栖息于山地、平原、森林、林缘、路边、河谷、农田、草地、村屯和果园等开阔地方, 尤其以林缘耕地生境较为常见。冬季主要在山脚平原等低海拔地方, 夏季可上到3km的高海拔地区。多单独或成对活动。

资源价值: 戴胜食多种有害昆虫, 如蝼蛄、蛴螬、金针虫、菜青虫、黏虫等 (都是严重农业害虫), 对农、林业极其有益; 对戴胜冬眠习性的部分研究, 将有助于揭示鸟类对环境适应的生理调节机制。

濒危等级: 已被列入《国家保护的有益的或者有重要经济、科学研究价值的陆生野生动物名录》,《中国生物多样性红色名录》评估等级为LC。

红隼 *Falco tinnunculus*

分类系统	动物界	脊索动物门	鸟纲	隼形目	隼科	隼属

形态特征： 红隼雄鸟头顶、头侧、后颈、颈侧蓝灰色，具纤细的黑色羽干纹；前额、眼先和细窄的眉纹棕白色。背、肩和翅上覆羽砖红色，具近似三角形的黑色斑点；腰和尾上覆羽蓝灰色，具纤细的暗灰褐色羽干纹。尾蓝灰色，具宽阔的黑色次端斑和窄的白色端斑；翅初级覆羽和飞羽黑褐色，具淡灰褐色端缘；初级飞羽内翈具白色横斑，并微缀褐色斑纹；三级飞羽砖红色，眼下有1宽的黑色纵纹沿口角垂直向下；颏、喉乳白色或棕白色，胸、腹和两胁棕黄色或乳黄色，胸和上腹缀黑褐色细纵纹，下腹和两胁具黑褐色矢状或滴状斑，覆腿羽和尾下覆羽浅棕色或棕白色，尾羽下面银灰色，翅下覆羽和腋羽皮黄白色或淡黄褐色，具褐色点状横斑，飞羽下面白色，密被黑色横斑。雌鸟上体棕红色，头顶至后颈以及颈侧具粗著的黑褐色羽干纹；背到尾上覆羽具粗著的黑褐色横斑；尾亦为棕红色，具9～12道黑色横斑和宽的黑色次端斑与棕黄白色尖端；翅上覆羽与背同为棕黄色，初级覆羽和飞羽黑褐色，具窄的棕红色端斑；飞羽内翈具白色横斑，并微缀棕色；脸颊部和眼下口角髭纹黑褐色；下体乳黄色微沾棕色，胸、腹和两胁具黑褐色纵纹，覆腿羽和尾下覆羽乳白色，翅下覆羽和腋羽淡棕黄色，密被黑褐色斑点，飞羽和尾羽下面灰白色，密被黑褐色横斑。幼鸟似雌鸟，但上体斑纹较粗著。虹膜暗褐色，喙蓝灰色，先端黑色，基部黄色，蜡膜和眼睑黄色，脚、趾深黄色，爪黑色。喙较短，先端两侧有齿突，基部不被蜡膜或须状羽；鼻孔圆形，自鼻孔向内可见一柱状骨棍；翅长而狭尖，扇翅节奏快；尾较细长。

分布与生境： 省内见于文县、康县、舟曲、微县、天水、武山、兰州、武威（留鸟）；国内分布几遍全国。栖息于山地森林、森林苔原、低山丘陵、草原、旷野、森林平原、山区植物稀疏的混合林、开垦耕地、旷野灌丛草地、林缘、林间空地、疏林和有稀疏树木生长的旷野、河谷和农田地区。

资源价值： 如同其他隼形目鸟类，红隼为森林生态系统的终极消费者之一，只不过其活动范围近林缘和农田，大量捕食农、林害虫和有害啮齿动物，为益鸟。

濒危等级： 已被列入《国家重点保护野生动物名录》，保护等级为二级，《中国生物多样性红色名录》评估等级为LC。

金翅雀 *Carduelis chloris*

分类系统	动物界	脊索动物门	鸟纲	雀形目	燕雀科	金翅雀属

形态特征：小型鸟类，体长12～14cm。喙细直而尖，基部粗厚，头顶暗灰色。背栗褐色具暗色羽干纹，腰金黄色，尾下覆羽和尾基金黄色，翅上、翅下都有一块大的金黄色块斑，无论站立还是飞翔时都醒目，野外容易识别。雄鸟眼先、眼周灰黑色，前额、颊、耳覆羽、眉区、头侧褐灰色沾草黄色，头顶、枕至后颈灰褐色，羽尖沾黄绿色；背、肩和翅上内侧覆羽暗栗褐色，羽缘微沾黄绿色，腰金黄绿色；短的尾上覆羽亦为绿黄色，长的尾上覆羽灰色缀黄绿色，中央尾羽黑褐色，羽基沾黄色，羽缘和尖端灰白色，其余尾羽基段鲜黄色，末段黑褐色，外翈羽缘灰白色；翅上小覆羽、中覆羽与背同色，大覆羽颜色亦与背相似、但稍淡，初级覆羽黑色，小翼羽亦为黑色，但羽基和外翈绿黄色，翅角鲜黄色；初级飞羽黑褐色，尖端灰白色，基部鲜黄色，在翅上形成一大块黄色翅斑，其于飞羽黑褐色，羽缘和尖端灰白色；颊、颏、喉橄榄黄色，胸和两胁栗褐沾绿黄色或污褐而沾灰，下胸和腹中央鲜黄色，下腹至肛周灰白色，尾下覆羽鲜黄色，翼下覆羽和腋羽亦为鲜黄色。雌鸟和雄鸟相似，但羽色较暗淡，头顶至后颈灰褐而具暗色纵纹；上体少金黄色而多褐色，腰淡褐而沾黄绿色；下体黄色亦较少、仅微沾黄色且亦不如雄鸟鲜艳。幼鸟和雌鸟相似，但羽色较淡，上体淡褐色具明显的暗色纵纹，下体黄色亦具褐色纵纹。虹膜栗褐色，喙黄褐色或肉黄色，脚淡棕黄色或淡灰红色。

分布与生境：省内全境分布，常见于河西走廊到中部兰州，东部庆阳及陇南山区；国内分布于河北、山西、山东、内蒙古、陕西、宁夏、青海、四川、云南、贵州、广东、广西、湖北、江苏等地。栖息于居民点周围的次生林、河谷疏林等树林中，亦见于山区、林缘和针叶林中，常在林冠上层活动，也在地面或灌丛觅食。繁殖期成对活动，其余时间单个或集小群活动。夏候鸟，但较其他夏候鸟来得早去得晚。金翅雀以农作物、杂草种子为食，大量啄食胡麻种子，亦食鞘翅目昆虫。

资源价值：金翅雀夏季常在农田啄食农作物种子和油料作物胡麻，对农业有一定危害，但巢后期常带领雏鸟大量取食昆虫、杂草种子，有一定益处。因其鸣声动听，可作笼鸟饲养。

濒危等级：已被列入《国家保护的有益的或者有重要经济、科学研究价值的陆生野生动物名录》，《中国生物多样性红色名录》评估等级为LC。

喜鹊 *Pica pica*

分类系统	动物界	脊索动物门	鸟纲	雀形目	鸦科	鹊属

形态特征： 中型鸦科鸟类，体长 38～48cm。头、颈、胸和上体黑色，腹白色，翅上有一大型白斑。常栖于房前屋后树上，特征明显，容易识别。我国还未见有与之特别相似的种类。雄鸟整个头、头侧、颈、颈侧、颏、喉、胸、背，一直到尾上覆羽黑色，头、颈带紫蓝色金属光泽，背沾蓝绿色金属光泽，肩羽白色，腰杂有灰白色，尾黑色具铜绿色金属光泽，末端有蓝和紫蓝色光泽带。翼上覆羽黑色，外翈有蓝绿色光泽，初级飞羽外翈黑褐色，内翈白色，端部黑色，外翈具蓝绿色金属光泽，次级飞羽和三级飞羽内外翈均黑色具蓝绿色金属光泽。下体颏、喉、胸黑色，两胁和腹白色，下腹中央、肛周、尾下覆羽和覆腿羽黑色，喉部羽干灰白色。虹膜黑褐色，喙、脚黑色。

分布与生境： 省内全境分布，常见于天水、武山、兰州、武威、张掖、酒泉、天祝、卓尼、文县、碌曲、玛曲等地；国内各省均有分布。喜鹊是分布极广的鸟类，除荒漠草原和茂密森林中少见外，平原、山区、森林边缘、农田、草原、市镇甚或市内都能看到。终年成对活动，有时也 3～5 只成群在地面啄食，是较接近村镇住家的鸟类。性机警，雌雄相互照顾，有异常情况，不管哪一个先察觉即发出惊叫声，尔后双双远飞。

资源价值： 喜鹊是杂食性鸟类，但主要食物是农林害虫，亦拣食村落附近的腐肉腐物，对抑制病虫害、保护环境卫生很有益处，为益鸟。其羽衣洁净，姿态优美，鸣声明亮欢快，逗人喜爱。喜鹊性强悍，护巢能力很强，常与侵入巢区的乌鸦、隼、鹰等进行格斗，有结群攻击敌害的习性，有一巢喜鹊受敌，数巢联合抗击的现象，直至把侵入者赶出巢区为止。这可能是喜鹊分布广、数量多、种群稳定的一个原因，这种生存斗争的本领，具有重要的生态学意义。

濒危等级： 已被列入《国家保护的有益的或者有重要经济、科学研究价值的陆生野生动物名录》，《中国生物多样性红色名录》评估等级为 LC。

灰喜鹊 *Cyanopica cyanus*

分类系统	动物界	脊索动物门	鸟纲	雀形目	鸦科	灰喜鹊属

形态特征： 头、颈黑色；背土灰色；翅与尾天蓝色；下体灰白色。体小（35cm）而细长。顶冠、耳羽及后枕黑色，两翼天蓝色，尾长并呈蓝色。成鸟头顶、头侧、后颈辉黑；背、肩、腰暗灰；颈部黑羽与背部黑羽交界处灰色浅淡发白，形成可见的颈环；尾羽天蓝色，中央尾羽色著而长，尾羽内翈色较暗，羽端带白，唯中央尾羽末端形成宽阔的白色端斑；小覆羽灰蓝色，其他覆羽天蓝色；第1枚初级飞羽外翈全黑；第2枚外翈基段蓝灰色，末段黑色；其余基段天蓝色，末段白色；外侧次级飞羽外翈天蓝色，内翈淡黑色，先端稍带白色羽缘，其他飞羽几乎全纯天蓝色，羽缘显白；颏、喉、下腹中央白色，余部葡萄灰色。幼鸟头部黑色羽毛，末端带有灰白色鳞状纹，羽色不及成鸟辉亮；下体白色较成鸟暗；余部似成鸟。虹膜暗褐色；喙黑色；跗跖和趾黑褐色，爪黑色。

分布与生境： 省内见于兰州以东榆中、庆阳、合水、正宁，陇东南部天水、两当、微县等；国内分布于黑龙江、吉林、辽宁、内蒙古、河北、河南、山西、山东、陕西等地。灰喜鹊既活动于平原，也常见于山林地区，常在山麓、沟谷、河岸、居民点、道旁树林中活动。结群，通常十余个或数十个为一群，每到一处并不久留，迅速在树上或地面觅食，边叫边飞，甚为活跃。

资源价值： 灰喜鹊是重要的森林食虫鸟类，对控制林区和园林病虫害有着重要的作用。有人统计，一只灰喜鹊一年能吃松毛虫15,000多只，能使保护的约333.33m²多针叶林不受危害。甘肃灰喜鹊亚种的数量也不少，仅陇东庆阳地区正宁、合水等地便不少于2,000只，仅需保护就能起到防害作用。此外，灰喜鹊姿态优美，性情温顺，可供笼养，也可在公园庭院放养，美化环境。

濒危等级： 已被列入《国家保护的有益的或者有重要经济、科学研究价值的陆生野生动物名录》，《中国生物多样性红色名录》评估等级为LC。

三道眉草鹀 *Emberiza cioides*

分类系统	动物界	脊索动物门	鸟纲	雀形目	鹀科	鹀属

形态特征： 雄雌个体同形异色。雄性成鸟额呈黑褐色和灰白色混杂状；头顶及枕深栗红色，羽缘淡黄色；眼先及下部各有一条黑纹；耳羽深栗色；眉纹白色，自喙基伸至颈侧；上体余部栗红色，向后渐淡，各羽缘以土黄色，并具黑色羽干纹，而下体和尾上覆羽纯色；中央一对尾羽栗红色而具黑褐色羽干纹，其余尾羽黑褐色，外翈边缘土黄色，最外一对有一白色带从内翈端部直达外翈的近基部，外侧第二对末端中央有一楔状白斑；小覆羽灰褐色，羽缘较浅白；中覆羽内翈褐色，外翈栗红色，羽端土黄色；大覆羽和三级飞羽中央黑褐色，羽缘黄白；小翼羽，初级飞羽暗褐色，羽缘淡棕色；飞羽均暗褐色，初级飞羽外缘灰白色，次级飞羽的羽缘淡红褐色；颏及喉淡灰色；上胸栗红，呈明显横带；两胁栗红色而至栗黄，越往后越淡，直至和尾下覆羽及腹部的沙黄色相混合；腋羽和翼下覆羽灰白，羽基微黑。雌性成鸟体羽色较雄鸟差淡；头顶、后颈和背部均呈浅褐色沾棕色，满布黑褐色条纹；耳羽也沾土黄色，眼先和颊纹沾污黄色；眉纹及喉均土黄色；胸部栗色横带不明显。幼鸟上体黄褐色，有的腰以下微沾黄色；下体沙黄色，除腹和尾下覆羽外，通体满布黑褐色条纹或斑点。虹膜栗褐色；喙灰黑色，下喙较浅；腿、脚肉色。

分布与生境： 省境内为广布种，东自陇东，西及走廊，北起皋兰，南到陇南均有分布；国内分布于陕西（南部）、山西、河南、河北、山东、四川（东北部万源至中部雅安、峨边）、云南（东北部永善）、贵州、湖北、湖南、江西、安徽、江苏、浙江、福建（留鸟）和广西（冬候鸟)。栖息于山麓平原地区。多单独活动。善停留在树冠顶部，亦见于农田和村庄、园林周围。常以杂草种子、谷粒、麦粒为食，亦食鞘翅目、鳞翅目、膜翅目昆虫。

资源价值： 常见啄食杂草种子和部分害虫，虽然有时也吃些农作物，但比其啄食杂草和昆虫时间之长，数量之大是无可比拟的，在植物保护和维持自然生态平衡有一定作用。

濒危等级： 已被列入《国家保护的有益的或者有重要经济、科学研究价值的陆生野生动物名录》,《中国生物多样性红色名录》评估等级为LC。

麻雀 *Passer montanus*

分类系统	动物界	脊索动物门	鸟纲	雀形目	雀科	麻雀属

形态特征： 小型鸟类，体长14～16cm。头顶和腰灰色，背栗红色具黑色纵纹。颏、喉和上胸黑色，脸颊白色，其余下体白色，翅上具白色带斑。相似种山麻雀和树麻雀头顶均不为灰色而为栗褐色或栗红色，区别明显，野外不难识别。雄鸟额、头顶和后颈灰色，后颈有时混杂有栗色，眼先、眼周、喙基黑色，眼后有一栗色带，脸颊、耳羽白色。背栗红或棕栗色具黑色纵纹，腰和短的尾上覆羽灰色，长的尾上覆羽和尾羽暗褐色，尾羽具淡棕色羽缘。翅上小覆羽栗色或棕栗色，中覆羽基部黑色或灰黑色，端部白色，小翼羽和大覆羽黑褐色具栗红或肉桂红色羽缘和羽端，有时羽端淡棕色至近白色。初级飞羽暗褐色，羽缘淡棕或栗棕色，其基部羽缘较宽，往端部逐渐变细窄。次级飞羽黑褐或暗褐色、具淡棕色羽缘。颏、喉至上胸中央黑色，其余下体白色或白色微沾棕，体侧有时沾淡灰褐色。雌鸟头顶和腰灰褐色，背淡红褐或土红褐色具黑色纵纹，具一土黄白色或淡土黄色眉纹，两翅和尾暗褐色，翅具淡棕色羽缘。颏、喉、胸淡灰色或灰白色，微沾黄褐色，胸和体侧灰色较暗浓，腹至尾下覆羽淡灰或灰白色。虹膜暗褐或暗茶色，喙黑色（♂）或褐色（♀），脚淡肉褐色或皮黄色。

分布与生境： 省内为广布种，见于各地、州、县；国内分布几遍全国。栖息于平原、山脚和高原地带的村庄、城镇和农田、河谷等人类居住环境及其附近的树林、灌丛、荒漠和草甸上。其中，新疆亚种栖息于海拔2800～3200m；西藏亚种分布高度夏季为3700～4300m，冬季常迁到山脚和平原等低海拔地区，有季节性垂直迁移现象。喜结群，多在农田、房舍和林缘与灌丛中活动和觅食。

资源价值： 非繁殖季节食昆虫及杂草种子，有时加害庄稼，特别是庄稼成熟季节危害较大。但繁殖期本身及雏鸟以有害昆虫为食，且长达100余天，因此有一定的益处。

濒危等级： 已被列入《国家保护的有益的或者有重要经济、科学研究价值的陆生野生动物名录》，《中国生物多样性红色名录》评估等级为LC。

黑顶麻雀 *Passer ammodendri*

分类系统	动物界	脊索动物门	鸟纲	雀形目	雀科	麻雀属

形态特征：额、喉、头顶至后颈中央黑色；头顶两侧栗红色多，上体余部沙棕色，具黑褐色纵纹；下体余部近白色。成鸟雄性具沙灰色羽缘；头顶两侧栗红色；上背黑色，羽缘沙灰色形成颈领状；下背、肩沙棕色，具黑褐色纵纹；腰、尾上覆羽沙灰色沾褐色；翅黑褐色；飞羽具沙棕色外缘及淡白色羽端形成的翅斑，此斑愈向内则愈宽著；中覆羽基部黑色，羽端纯白色，大覆羽具棕白色羽端，形成两道白色翅斑；尾羽黑褐色具沙棕色羽缘；眼先黑褐色；颊、耳灰色沾褐色。颏、喉中央黑色，两侧白色；下体余部淡灰白色，胁微沾褐色；腋羽和翅下覆乎白色。冬羽额黑具辉蓝光泽；头顶赭黄色；肩赭灰色，具黑色条纹；上体余部似夏羽。下体、胸、胁沾沙赭色，余部似夏羽。雌鸟形态与雄鸟相似，但头顶色泽比雄鸟淡，背部条纹亦不似雄鸟显著；颏、喉中央黑色亦较淡。虹膜褐色；雄鸟喙黑色（秋天转褐）；雌鸟喙黄褐色；跗跖和趾角黄色；爪角褐色。

分布与生境：省内见于张掖、酒泉、民勤；国内分布于新疆、内蒙古和宁夏。栖息活动于村落附近或沙漠戈壁中绿洲的树上及苇丛、草丛中。常集群活动，也与树麻雀和鸥类混群活动。

资源价值：黑顶麻雀平时食杂草种子，繁殖期食农业和森林害虫，有时也危害庄稼，益多害少。

濒危等级：已被列入《国家保护的有益的或者有重要经济、科学研究价值的陆生野生动物名录》,《中国生物多样性红色名录》评估等级为LC。

白鹡鸰 *Motacilla alba*

分类系统	动物界	脊索动物门	鸟纲	雀形目	鹡鸰科	鹡鸰属

形态特征：额、眼圈及眼先白色，白色延至覆耳羽上部；头顶、颈背、颈侧及喉部黑色，黑色覆盖范围较广，与新疆亚种和东北亚种相比，喉部无白色或黑白相杂的特征。胸部黑色，呈显著的黑斑区域，下体其余部分为白色，腹部和尾下覆羽纯白色，两胁沾浅灰色。背部、腰部及尾上覆羽均为黑色，较东北亚种的灰色更为浓重，且从背部到腰部无明显颜色过渡。中覆羽和大覆羽白色，羽基黑色，形成翅上明显的白斑；初级飞羽和次级飞羽黑褐色，羽缘带白色，三级飞羽黑色，外缘有较宽的白色边缘。幼鸟背部为黑灰色，头和颈部呈深灰黑色；下体胸部深灰色，略沾褐色，其余为白色；两胁沾浅灰色。虹膜褐色；喙黑色；跗跖及趾黑色；爪黑褐色。

分布与生境：省内见于武山、酒泉、阿克塞、舟曲；国内分布很广，几遍布于全国各地。主要为夏候鸟，部分在东南沿海各省以及台湾和海南岛越冬。栖息于河流、湖泊、水库、水塘等水域岸边，也栖息于农田、湿草原、沼泽等湿地，有时还栖于水域附近的居民点和公园。常单独或成对或3~5只的小群活动，迁徙期间也见10多只至20余只的大群。

资源价值：主要以昆虫为食，在植物保护中意义较大，应注意保护。

濒危等级：已被列入《国家保护的有益的或者有重要经济、科学研究价值的陆生野生动物名录》，《中国生物多样性红色名录》评估等级为LC。

漠鹏 *Oenanthe deserti*

分类系统	动物界	脊索动物门	鸟纲	雀形目	鹟科	鹏属

形态特征： 上体沙棕白色；尾上覆羽白色，中央尾羽和其他尾羽黑色部分几等长，最外侧尾羽黑色部分不短于其余长的1/2。雄鸟上体额至腰土棕白色，前额稍淡；尾上覆羽白色，两翅黑褐色，最内侧覆羽及次级飞羽，羽端白色，飞羽内翈基部边缘的白斑不及内翈的1/2；尾羽黑色，基部白色；眼先、耳羽、颈侧及颏、喉黑色；下体余部白色，胸部沾棕色；腋羽黑色具白色羽端。秋季换羽后，上体自额至尾上覆羽葡萄棕色沾褐色，腰及尾上覆羽较淡；两翅黑褐色，内侧覆羽及内侧飞羽具宽的黄棕色羽缘；眼先、耳羽、颏、喉黑色，腹中央及尾下覆羽较淡。雌鸟上体额至腰葡萄棕色沾褐色；两翅黑褐色，内侧覆羽及最内侧飞羽具宽的浅棕色羽缘；其余覆羽及飞羽具淡棕白色外缘及羽端；尾上覆羽浅葡萄棕色；尾羽似雄鸟；眼先、耳羽棕黄色微沾褐色；颏、喉棕白色；下体余部淡葡萄色沾棕色。虹膜褐色；喙、跗跖及趾黑色；爪黑色。

分布与生境： 省内见于天祝、酒泉、武威；国内分布于新疆准噶尔盆地玛纳斯及青河、西部阿克苏、中部吐鲁番、宁夏贺兰山、内蒙古中部鄂尔多斯市。主要栖息于干旱荒漠平原、戈壁沙丘、荒漠和半荒漠地带，也栖息于山地裸岩、岩石灌丛草地，甚至海拔4000～5000m的荒漠和半荒漠地带。常单独或成对活动。

资源价值： 主食鞘翅目粪甲、步行甲、金花甲、金龟甲及叩头甲，鳞翅目幼虫、双翅目蝇、虻和食蚜虻等有害昆虫及杂草种子。益鸟。

濒危等级： 已被列入《国家保护的有益的或者有重要经济、科学研究价值的陆生野生动物名录》,《中国生物多样性红色名录》评估等级为LC。

李启旺 摄

沙鵖 *Oenanthe isabellina*

分类系统	动物界	脊索动物门	鸟纲	雀形目	鹟科	鵖属

形态特征：上体暗灰色，各羽中央黑呈纵纹，眉纹白色；下体灰白色；雌鸟纯暗沙褐色。雌雄羽色相似。前额、头顶、枕、后颈、肩、背等上体沙褐色，腰和尾上覆羽白色。中央一对尾几全黑色，仅基部白色，其余尾羽白色具黑色端斑。飞羽暗褐色，外翈具细窄的淡沙色羽缘，内翈具宽阔的白色羽缘，翅上覆羽褐色。眼先黑色，其余头侧沙褐色，眉纹白色。胸部微沾锈色，翅下覆羽白色或几乎白色。虹膜暗褐色；喙、脚黑色。

分布与生境：省内见于文县、康县、古浪、金塔、瓜州等县区；国内分布于内蒙古（东北部呼伦贝尔市和东南部西林）、陕西北部、青海（东部和南部及东南部）、新疆全境。多栖息在高的石头上或灌丛上，尾不断地上下摆动。

资源价值：主要以昆虫为食，对农、林业都有一定的益处，为益鸟。

濒危等级：已被列入《国家保护的有益的或者有重要经济、科学研究价值的陆生野生动物名录》，《中国生物多样性红色名录》评估等级为LC。

白顶䳭 *Oenanthe pleschanka*

分类系统	动物界	脊索动物门	鸟纲	雀形目	鹟科	䳭属

形态特征： 自额至后颈、下背和尾羽白色；上背和两肩黑色；下体白色。雄鸟夏羽前额、头顶、枕、后颈白色，有时前额基部黑色，背、肩黑色，腰和尾上覆羽白色，尾白色具黑色端斑，中央一对尾羽黑色端斑较大，约占尾羽长度的1/2，外侧尾羽黑色端斑较小，但最外侧一对尾羽黑色端斑亦较大，约占尾长的1/4或1/2，两翅黑褐色。眼先、耳羽、头侧、颏、喉和上胸黑色，下胸、腹和尾下覆羽白色，翅下覆羽白色，腋羽黑色。秋季换羽后的冬羽和夏羽基本相似。但背部黑色部分缀有赭色或棕褐色羽缘，内侧初级飞羽和外侧次级飞羽具窄的白色端斑。头顶微沾灰赭色，颏、喉、上胸的亦具赭色羽缘。雌鸟头顶至后颈灰褐沾棕，其余上体土褐色或暗棕褐色，腰和尾上覆羽白色，两翅暗褐色。尾同雄鸟。颊棕白色，颏、喉黑色，羽端浅灰棕褐色。胸皮黄色或淡棕色，其余下体白色或淡葡萄酒色。秋季换羽后腹亦为土褐色，但较上体淡，飞羽褐色具淡色羽缘，其余同夏羽。幼鸟和雌鸟相似，但较斑杂，翅上淡色羽缘亦较宽。虹膜暗褐色或红褐色；喙、脚黑色。

分布与生境： 省内见于武山、天水、兰州、武威、酒泉、天祝、武都、文县；国内分布于辽宁西北部（义县、朝阳）、河北（东北部承德、西部）、北京、河南北部、陕西北部、宁夏南部、青海（东部、东北部）、甘肃（西北部、西部和南部）、内蒙古（东南部、中部鄂尔多斯市和西部阿拉善）、新疆（东部洛浦湖、北部准格尔、福海、阿勒泰、西部天山、喀什、阿克苏、西南部和中部吐鲁番及和静），偶见于黑龙江大兴安岭漠河。主要栖息于旱荒漠、半荒漠、荒山、沟谷、林缘灌丛和岩石荒坡等各类生境中，尤以有稀疏植物的戈壁滩、贫瘠而多砾石的荒漠和半荒漠地带较常见，也出入于平原草地、田间地头、果园甚至城市公园和居民点附近。

资源价值： 白顶䳭在省内居留期主要以昆虫为食，对农、林业都有一定的益处。

濒危等级： 已被列入《国家保护的有益的或者有重要经济、科学研究价值的陆生野生动物名录》,《中国生物多样性红色名录》评估等级为LC。

红尾伯劳 *Lanius cristatus*

分类系统	动物界	脊索动物门	鸟纲	雀形目	伯劳科	伯劳属

形态特征： 前头乳白色；背面大部灰褐色；腹面棕白色，均无杂斑；头侧有明显的黑纹和棕红色的尾羽，都可作野外观察的标志。雄鸟（夏羽）额、头顶前部淡灰色，向前接近喙基处和向后逐渐转为灰褐色，至上背和肩以及两翅的内侧覆羽等，褐色逐渐加浓，下背和腰转为棕褐色；眼先、眼下和耳区黑色，形成一条显著的黑色纵纹由喙基部贯眼直达颈侧；眼的上方后部有一条不很明显的白眉纹，向后延伸到耳羽的上方；头、颈的后部呈淡土褐色。翅上外侧覆羽和飞羽黑褐色；大覆羽和内侧飞羽的外侧具宽阔的棕白色边缘；中覆羽的羽端为暗棕色；翅缘白色。尾上覆羽浓棕；尾羽棕褐有多条隐约可见的深色横斑；外侧尾羽的内翈边缘和先端均为淡棕色。颏、颊和喉等白色；下体余部包括尾下覆羽、翅下覆羽皮黄色；两胁棕色特浓，下腹中央色淡；腋羽白而沾淡棕色。雌鸟与雄鸟不同处是前头的灰色不明显，棕色较淡；贯眼黑纹转为黑褐色。雏鸟眼上的眉纹淡棕色；眼先、颊和耳羽黑褐色；头部无灰色而具暗色虫蠹状横斑；上体棕褐色；腰和尾上覆羽色深而发亮；初级覆羽和外侧飞羽的羽端棕白色。

分布与生境： 遍布全省；国内除西藏未有记录外，遍布全国。主要栖息于低山丘陵和山脚平原地带的灌丛、疏林和林缘地带，尤其在有稀矮树木和灌丛生长的开阔旷野、河谷、湖畔、路旁和田边地头灌丛中较常见，也栖息于草甸灌丛、山地阔叶林和针阔叶混交林林缘灌丛及其附近的小块次生杨桦林内。红尾伯劳为广布于中国的温湿地带森林鸟类，为平原、丘陵至低山区的常见种，尤以在低山丘陵地的村落附近数量更高。

资源价值： 夏候鸟。食物中大多数是害虫，包括直翅目蝗科、螽斯科、鞘翅目步甲科、叩头虫科、金龟子科、瓢虫科、半翅目蝽科和鳞翅目昆虫，是对农、林业有益的益鸟。

濒危等级： 已被列入《国家保护的有益的或者有重要经济、科学研究价值的陆生野生动物名录》，《中国生物多样性红色名录》评估等级为LC。

角百灵 *Eremophila alpestris*

分类系统	动物界	脊索动物门	鸟纲	雀形目	百灵科	角百灵属

形态特征： 头具黑色长簇羽，如"角"，与其他百灵易于区别。雄鸟前额白色或淡黄色，头顶前部紧靠前额白色之后有一宽的黑色横带，其两端各有2～3枚黑色长羽形成的羽簇伸向头后，状如两只"角"。眼先、颊、耳羽和喙基黑色，眉纹白色或淡黄色、与前额白色相连。后头及上背粉褐色、褐色或灰褐色，背、腰棕褐色具暗褐色纵纹和沙棕色或沙褐色羽缘。尾上覆羽褐色或棕褐色，中央尾羽褐色，羽缘棕色，外侧尾羽黑褐色微具白色羽缘，最外侧一对尾羽几纯白色，次一对外侧尾羽仅外翈白色，或外翈仅具一楔形白斑。两翅褐色，第一枚初级飞羽外翈白色，其余初级飞羽具灰白色狭缘，次级飞羽具白色端斑。下体白色，胸具一黑色横带。雌鸟和雄鸟羽色大致相似，但羽冠短或不明显，胸部黑色横带亦较窄小。虹膜褐色或黑褐色，喙峰黑色，跗跖黑色或黑褐色。

分布与生境： 地理分布广布种。省内见于河西走廊三地区至西南阿克塞等地；国内自东北部黑龙江、吉林、辽宁至西北部新疆、青海、内蒙古、宁夏、山西及西南部西藏、四川。主要栖息于高山、高原草地、荒漠、半荒漠、戈壁滩和高山草甸等干旱草原地区，冬季有的也出现于沿海地带、路边和农舍附近。多单独或成对活动，有时亦见成3～5只的小群，特别是迁徙季节和冬季较喜成群。

资源价值： 角百灵在我国分布较广，种群数量较丰富，由于它主要以杂草种子和昆虫为食，在植物保护中具有一定意义，同时鸣声婉转动听，亦可作为笼养观赏鸟，具有保护价值。

濒危等级： 已被列入《国家保护的有益的或者有重要经济、科学研究价值的陆生野生动物名录》,《中国生物多样性红色名录》评估等级为LC。

凤头百灵 *Galerida cristata*

分类系统	动物界	脊索动物门	鸟纲	雀形目	百灵科	凤头百灵属

形态特征： 体形略大的具褐色纵纹的百灵。上体羽色呈沙褐色，具黑褐色轴纹；后头有一簇由数枚细长并几呈黑色的羽毛构成的羽冠。身长17～18cm，翼展29～34cm，体重35～45g。具羽冠，冠羽长而窄。尾覆羽皮黄色。下体浅皮黄色，胸密布近黑色纵纹。看似矮墩而尾短。飞行时两翼宽，翼下锈色；尾深褐色而两侧黄褐色。幼鸟上体密布点斑。与云雀区别在侧影显大而羽冠尖，喙较长且弯，耳羽较少棕色且无白色的后翼缘。中央一对尾羽浅褐色，最外向侧一对尾羽大部分为皮黄色或棕色，仅内翈羽缘黑褐色。外侧第二对尾羽仅外翈有一宽的棕色羽缘。翅上覆羽浅褐色或沙褐色，飞羽黑褐色，外翈羽缘棕色，内翈基部亦有宽的棕色羽缘。体形、羽色略似麻雀，适应于地栖生活，腿、脚强健有力，后趾具一长而直的爪；跗跖后缘具盾状鳞；喙近锥形，适于啄食种子；翅尖而长，内侧飞羽（三级飞羽）较长；尾羽中等长度，具浅叉，外侧尾羽常具白色。虹膜深褐色；喙黄粉色，喙端深色；脚爪偏粉色。

分布与生境： 省内为中部黄土高原、陇东和河西走廊习见鸟类；国内分布于新疆西北部、青海、甘肃、宁夏（贺兰山沿黄河）、河北南部、内蒙古西部（包头）。

资源价值： 杂食性鸟类，有时取食农作物种子。凤头百灵是一种小型鸣禽，其鸣声婉转动听，又善模仿鹊、猫叫，常被捕捉笼养，驯养好的凤头百灵，售价高，有一定经济效益。

濒危等级： 已被列入《国家保护的有益的或者有重要经济、科学研究价值的陆生野生动物名录》,《中国生物多样性红色名录》评估等级为LC。

灰眉岩鹀 *Emberiza godlewskii*

分类系统	动物界	脊索动物门	鸟纲	雀形目	鹀科	鹀属

形态特征： 眼先及颧纹棕黑色；头顶两侧及耳羽栗色；头余部、颈、颏和喉及上胸蓝灰色。雄鸟额、头顶、枕，一直到后颈均为蓝灰色，头顶两侧从额基开始各有一条宽的栗色带，其下有一蓝灰色眉纹，眼先和经过眼后有一条贯眼纹，在眼前段为黑色，经过眼以后变为栗色，颧纹黑色，其余头和头侧蓝灰色。上背沙褐色或棕沙褐色，两肩栗红色，均具黑色中央纵纹，下背、腰和尾上覆羽纯栗红色、无纵纹或纵纹不明显，有时具淡色羽缘，翅上小覆羽蓝灰色，中覆羽和大覆羽黑色或黑褐色，中覆羽尖端白色，大覆羽尖端棕白色、皮黄色或红褐色，在翅上形成两道淡色翅斑。飞羽黑褐色，羽缘淡棕白色，内侧飞羽具宽的皮黄栗色或淡棕褐色羽缘和端斑。中央一对尾羽棕褐色或红褐色，羽缘淡棕红色，外侧尾羽黑褐色，最外侧两对尾羽内翈具楔状白斑，尤以最外侧一对大，次一对较小。颏、喉、胸和颈侧蓝灰色，其余下体桂皮红色或肉桂红色，腹中央较浅淡，腋羽和翼下覆羽灰白色。雌鸟和雄鸟相似，但头顶至后颈为淡灰褐色且具较多黑色纵纹，下体羽色较浅淡，胸以下为淡肉桂红色。虹膜褐色或暗褐色；喙黑褐色，下喙较淡；脚肉色。

分布与生境： 省内见于兰州、武山、天祝、肃南等；国内分布于东北、华北、西北、西南等地。生态栖息于山地的丘陵地带、农田、灌丛甚至庭院灌丛、电线上。单个或结小群活动，鸣声多变。

资源价值： 常见啄食杂草种子和部分害虫，虽然有时也吃些农作物，但比其啄食杂草和昆虫时间之长，数量之大是无可比拟的，在植物保护和维持自然生态平衡有一定作用。

濒危等级： 已被列入《国家保护的有益的或者有重要经济、科学研究价值的陆生野生动物名录》，《中国生物多样性红色名录》评估等级为LC。

岩鸽 *Columba rupestris*

分类系统	动物界	脊索动物门	鸟纲	鸽形目	鸠鸽科	鸽属

王和春 摄

王和春 摄

拾趣 摄

形态特征：中型鸟类，体长29～35cm。体形大小和羽色均与家鸽相似，头和颈的上部暗灰色，颈下部、背和胸上部有闪亮的绿色和紫色，翅上有两道不完整的黑色横斑，下背白色，尾中段具宽阔的白色横带。相似种家鸽和原鸽腰和尾上无白色横带，野外不难区别。雄鸟头、颈和上胸为石板蓝灰色，颈和上胸缀金属铜绿色极富光泽，颈后缘和胸上部还具紫红色光泽，形成颈圈状。上背和两肩大部呈鸽灰色，翅上覆羽浅石板灰色，内侧飞羽和大覆羽具两道不完全的黑色横带，初级飞羽黑褐色，内翈中部浅灰色，外翈和羽端褐色，次级飞羽末端亦为褐色。下背白色，腰和尾上覆羽暗灰色。尾石板灰黑色，先端黑色，近尾端处横贯一道宽阔的白色横带。颏、喉暗石板灰色，自胸以下为鸽灰色，至腹变为白色，腋羽亦为白色。雌鸟与雄鸟相似，但羽色略暗，特别是尾上覆羽，胸亦少紫色光泽，不如雄鸟鲜艳。虹膜橙黄色；喙黑色；跗跖及趾暗红或朱红色，爪黑褐色。

分布与生境：省内见于东部陇东，东南部天水，中部定西、兰州，西部河西走廊、陇南和甘南等地；国内分布于东北全境，内蒙古东部、中部包头，河北，河南，山东，江苏连云港，山西，宁夏，青海，四川北部若尔盖、西北部德格、西部二郎山至理塘、巴塘，云南西北部，新疆西部喀什、天山、中部吐鲁番、乌鲁木齐，西藏南部日定、昌都地区西南部（留鸟）。主要栖息于山地岩石和悬崖峭壁处，最高可达海拔5000m以上的高山和高原地区。常成群活动，多结成小群到山谷和平原田野上觅食，有时也结成近百只的大群。性较温顺，不甚怕人。

资源价值：岩鸽肉味鲜美，卵富营养，均可供食用。其卵营养价值较高，常作药用，岩鸽啄食农作物的种子和茎叶，对农业有一定的危害。

濒危等级：已被列入《国家保护的有益的或者有重要经济、科学研究价值的陆生野生动物名录》，《中国生物多样性红色名录》评估等级为LC。

原鸽 *Columba livia*

分类系统	动物界	脊索动物门	鸟纲	鸽形目	鸠鸽科	鸽属

形态特征： 外形类似岩鸽，不同处在尾部缺少岩鸽所特有的白色横斑，且为灰蓝色；体色较岩鸽暗浓。成鸟头、颈、背和前胸石板灰色，有金属紫绿色辉亮；下背、腰和双翅灰色；初级飞羽先端具宽的淡黑色斑，次级飞羽中部黑色，自成一道黑色横斑；其先端亦有宽形淡黑色斑；尾上覆羽和尾羽石板灰色；尾羽不具宽的黑色横斑；其余体部暗灰色。雌雄相同。虹膜金黄色；喙近黑色，基部沾蓝黑或褐色；跗跖及趾暗朱红色，爪黑色。

分布与生境： 省内为广布种，见于陇东、中部黄土高原、河西及甘南临潭等地；国内分布于新疆北部、西部及中部，东北地区西南部，内蒙古中部包头，河北东北部。栖息于山或河岸陡岩峭壁，繁殖期对栖，繁殖期过后集群活动，偶也与岩鸽混群或与家鸽混群，在地面寻食，行走步小而快，点头频繁，常发出"咕咕"的叫声，性机警，多疑，遇惊展翅远飞，若与岩鸽特别是与家鸽混群，则显得悠闲，群飞群落，在原野、耕地、秋收后的农闲地或马路上来回走动觅食。植食性，主要以植物种子、果实为食。

资源价值： 原鸽虽取食小麦、豆类和玉米，但都是散落在地面部分，很少见主动在麦堆或植株上啄食的，利用遗落的谷物肥育自己，提供优质肉、卵，但有时扒食种入土壤中的种子。家鸽被认为是由原鸽驯养而来的，在长期进化中，有些家鸽野化类似原鸽，但仔细辨认还是可以区别出来的。

濒危等级： 已被列入《国家保护的有益的或者有重要经济、科学研究价值的陆生野生动物名录》,《中国生物多样性红色名录》评估等级为LC。

山斑鸠 *Streptopelia orientalis*

| 分类系统 | 动物界 | 脊索动物门 | 鸟纲 | 鸽形目 | 鸠鸽科 | 斑鸠属 |

形态特征： 雌雄体色相同。上体以褐色为主，后颈两侧基部杂以蓝灰色黑斑；肩羽羽缘红棕色；下体为葡萄红褐色。额灰色；头顶、头侧棕褐色；颈棕褐色，后颈两侧基部各有一块羽缘为蓝灰色的黑羽，构成鱼鳞状纹；上背褐色，各羽端棕褐色；下背和腰铅灰色，羽缘较淡；肩羽和三级飞羽黑褐色，羽端缘红棕色；外侧大、中覆羽深灰色，羽缘灰色；中央尾羽近黑色，外侧尾羽与中央尾羽同色，但先端具黑色端斑，此斑约占整个尾羽的1/5，最外侧一对尾羽先端具灰色斑块，此斑沿外翈边缘一直延伸至尾基，其颜色由灰色逐渐变为白色，颏、喉浅棕色；胸灰褐色，下体余部葡萄酒红褐色；尾下覆羽灰色；两胁及翅下覆羽灰色，展翅时，翅下呈灰色。幼鸟后颈两侧不具黑斑，50天左右隐约可见，腹部灰褐色，其余部位与成鸟相似。虹膜橙色；喙黑色；跗跖及趾暗紫红色，爪黑色。

分布与生境： 省内见于陇东、平凉、定西、兰州、天水东南部、甘南、陇南及河西走廊；国内分布于新疆西部、北部、中部和喜马拉雅山西部，青海东部，北抵大、小兴安岭，南至四川、云南和台湾（留鸟）；在西藏南部为留鸟，在河北及更北地区大都为夏候鸟，仅少数留此越冬。栖息于树林、山区和平原人工疏林，小群活动，每群5~10只不等。繁殖期常成对活动于森林边缘或小林斑地带。觅食时常小步疾走，边走边寻找食物，受惊后飞避较远，常停落高树，隐于密叶中，较难发现。平时在田间、或麦、谷场地觅食。较为贪食，饱食后也常到溪流旁饮水。起飞时两翅鼓动有力，停落前一段滑飞。

资源价值： 山斑鸠和其他鸠鸽类一样，肉可食，有一定的经济价值。平时所食谷物大部分系散落在地面的种子。一年中大部分时间在地面啄食杂草种子，对抑制田间杂草有一定作用。但有时刨食播种在土壤中的农作物种子和树种，对农、林业不利，益多害少。

濒危等级： 已被列入《国家保护的有益的或者有重要经济、科学研究价值的陆生野生动物名录》，《中国生物多样性红色名录》评估等级为LC。

灰斑鸠 *Streptopelia decaocto*

分类系统	动物界	脊索动物门	鸟纲	鸽形目	鸠鸽科	斑鸠属

形态特征： 体形中等，上体自头至尾灰褐色；后颈有半环形黑领；外侧尾羽深灰色具阔的白色端斑；下体灰色。成鸟（冬羽）雌雄相同。额羽浅灰色；头顶、头侧、耳羽及枕部深灰色；后颈羽毛黑色，各羽具白色或褐色羽缘，形成后颈明显的半环形黑领；下颈、背部、腰部、尾上覆羽及内侧翅上覆羽灰褐色，外侧翅上覆羽银灰色沾灰褐；初级飞羽和外侧次级飞羽黑褐色，羽缘淡褐色，内侧次级飞羽灰色并有褐色渲染，三级飞羽灰褐色；尾平尾状。尾羽12枚，中央1对褐色，次外侧3对外翻褐色，内䎃灰色，最外侧2对尾羽羽基深灰色，近羽端浅灰色；颏、喉灰白色；下体余部灰色，但胸和上腹微褐；两胁、腋羽和翅下覆羽银灰色；尾下覆羽深灰色。虹膜赤红色；喙黑色；跗跖及趾暗红紫色，爪铅黑色。

分布与生境： 省内除河西走廊阿克塞、肃北、肃南和少林地带外，均可见到；国内分布于黑龙江、吉林、辽宁、河北、山东、山西、陕西、湖北、安徽、内蒙古、宁夏、青海东部（留鸟）、新疆(留鸟)。灰斑鸠省内为留鸟，平时常群栖于树枝、屋顶或电线上。觅食于农田、马路或谷场上。

资源价值： 灰斑鸠肉、卵可食，鸽肉和卵同为上等名菜。因其主食谷物，习以为害鸟，但所吃食物中，多数为散落在地面的种子，也大量啄食杂草种子，有一定的经济价值。

濒危等级： 已被列入《国家保护的有益的或者有重要经济、科学研究价值的陆生野生动物名录》,《中国生物多样性红色名录》评估等级为LC。

赤颈鸫 *Turdus ruficollis*

分类系统	动物界	脊索动物门	鸟纲	雀形目	鸫科	鸫属

形态特征：体大小似白腹鸫，但上体灰褐色，眉纹及颏、上胸绣栗色；腹部、胁灰褐色；腋羽及翅下覆羽棕色。雄鸟上体包括两翅表面概灰褐色；额、头顶色深具隐约的黑褐色轴纹；大覆羽和飞羽外缘银灰色沾棕色，中央尾羽褐色，基部羽缘沾栗色；外侧尾羽栗色，外翈及羽端褐色；眉纹、颏、颊、颈侧和胸锈栗色，羽端具少许白色；喉侧具黑斑；眼先深灰褐色；腹污白色；胸侧和胁灰色具灰褐色斑杂；尾下覆羽羽基暗灰色，中部锈栗色，羽端白色；腋羽和翅下覆羽橙棕色。雌鸟上体与雄鸟相似，颏、喉灰白色，具棕栗色羽干纹；上胸棕栗色，具灰白色羽缘；下胸灰色，具褐色羽端斑；下体余部似雄鸟。雄性亚成体上体似成鸟；下体颏棕白色；喉浅棕褐色，具棕白色羽缘；胸深棕褐色，具灰色羽缘，下体余部似成鸟。虹膜暗褐色；喙黑褐色，喙基与喙缘黄色；跗跖角黄褐色，趾黑褐色；爪黑褐色。

分布与生境：省内见于天水、武山、兰州、酒泉、康县、文县、碌曲；国内分布于东北西北部、东北部、西南部，内蒙古鄂尔多斯市，河北，陕西，宁夏，新疆罗布泊，青海东北部、东部、南部及柴达木盆地，西藏拉萨、藏南昌都地区，四川、湖北，云南北部和西部。赤颈鸫在甘肃为旅鸟及冬候鸟。繁殖期间主要栖息于各种类型的森林中，尤以针叶林中较常见，迁徙季节和冬季也出现于低山丘陵和平原地带的阔叶林、次生林和林缘疏林与灌丛中，有时也见在乡村附近果园、农田和地边树上或灌木上活动和觅食。除繁殖期间成对或单独活动外，其他季节多成群活动，有时也见和斑鸫混群。常在林下灌木上或地上跳跃觅食，遇有惊扰立刻飞到树上，并伴随着"嘎嘎"的叫声。飞行迅速，但一般不远飞。

资源价值：赤颈鸫在本省是冬候鸟，数量虽不算很多，但分布较广，因其大部分时间食虫，对农、林业有益无害。冬季取食沙枣及忍冬果肉后，种子则不被消化，可随粪便带到他处萌发成树，起传播植物种子作用。

濒危等级：已被列入《国家保护的有益的或者有重要经济、科学研究价值的陆生野生动物名录》，《中国生物多样性红色名录》评估等级为LC。

家燕 *Hirundo rustica*

分类系统	动物界	脊索动物门	鸟纲	雀形目	燕科	燕属

形态特征：上体蓝黑色具金属光泽；颏、喉及上胸栗色；腹部白色或淡棕色，无斑。额淡栗色；上体包括两翅覆羽和内侧飞羽具金属反光蓝黑色，其余飞羽和尾羽黑褐色，微具蓝绿色光泽，最外侧一对尾羽特形延长，除中央一对尾羽外、其余内翈均具白斑；颏、喉栗色；上胸黑色与喉部侵入的栗色一起形成横带；下胸至尾下覆羽白色。虹膜暗褐色；喙、跗跖及趾黑色；爪黑褐色。

分布与生境：夏季几遍全省；国内分布自东北中部长白山，西至内蒙古、青海、四川、西藏，南抵云南、广东（夏候鸟）、海南岛、西沙群岛及台湾（留鸟）。在新疆天山为旅鸟。

在甘肃为习见夏候鸟，造巢于人家屋檐下或房内横梁上。每年春三月迁来，迁来后常成对或结小群栖息于村庄中的房顶、电线及其附近的田野和河岸边。飞行轻捷；时高时低，每日活动时间较长，早晨6点左右开始活动，傍晚9时左右结束，长达14～15个小时。在飞行中张嘴捕食飞虫，食物以双翅目、鞘翅目、同翅目、鳞翅目及膜翅目昆虫为主。每年繁殖两窝，第一窝在4～5月间，第二窝在6～7月间，繁殖后于9月末和10月结群南迁。

资源价值：家燕是熟知的庭园益鸟，居留期间纯以昆虫为食，主要消灭卫生害虫如蚊、蝇及农业害虫如华虻、蚁、蚜虫、象甲等，与人类关系甚为密切。益鸟。

濒危等级：已被列入《国家保护的有益的或者有重要经济、科学研究价值的陆生野生动物名录》,《中国生物多样性红色名录》评估等级为LC。

郑直 摄

郑直 摄

郑直 摄

大耳猬 *Hemiechinus auritus*

| 分类系统 | 动物界 | 脊索动物门 | 哺乳纲 | 劳亚食虫目 | 猬科 | 大耳猬属 |

形态特征：体形较小。耳较大，露于周围棘刺之外。棘刺及覆毛颜色浅淡，头部体侧及腹部被毛细软。额骨上有"V"形嵴状突起。基枕骨略呈三角形。体形较达乌尔猬小。从头部的耳后方开始，向后一直到尾巴的基部，整个背面被覆以坚硬棘刺，最长的硬刺可达35mm以上。棘刺表面为横沟与横棱相间，色为暗褐与白色相间。吻部甚尖。耳较大，长幅在37~50mm。耳尖钝圆，高出周围棘刺。头、躯体两侧及腹部被覆以细软之毛。尾甚短，其长度为24~34mm。吻部之毛细软而短呈灰白色。头部为橙黄色或棕黄色。耳上覆以灰黄色的短毛。自耳后至尾巴基部，整个背面长有坚硬棘刺，棘刺的颜色为暗褐色与白色相间。棘刺的基部为暗褐色，次基部白色，其上又为暗褐色，刺尖白色，少数棘刺全为白色。体侧毛为灰黄色。尾浅棕黄色。腹毛灰白色。头骨吻部较短。颧弓向外突出。眶后突缺如。人字嵴存在，但不太高，并向前分叉经额骨之前外侧隆起一直延伸至眼眶之前角。额骨上有"V"形嵴状突起。基枕骨呈三角形。腭孔很大，翼间孔狭小，副翼突与翼状突之间有一较小的窝一（副翼窝）。颌关节孟后突甚大，其高度约与颞乳突等高，呈弧形弯曲，弯口向内。上门齿3枚，第1上门齿最大，其高度约为第2、3上门齿的两倍，外形略呈细圆柱状。第2、3上前臼齿几等高，但第2

杨清峰 摄

杨清峰 摄

杨清峰 摄

上前臼齿的齿冠小于第3上前臼齿。上颌最后一个前臼齿的外侧齿尖非常发达，其余的齿尖均较细小。上颌第1、2臼齿的齿冠略呈长方形，内外侧各具前后两个齿尖；下颌以第2前臼齿最高，下颌最后1个臼齿非常小，齿冠略呈圆形。

分布与生境：省内见于景泰等地；国内分布于内蒙古、宁夏、新疆等地。栖息于沙漠地带，在农田及砾石荒漠中亦有分布。穴居，洞道浅而简单，大多利用其他小型动物废弃洞穴。营夜间活动的生活方式。以昆虫和小型动物为食；有时也吃植物性食物。一年繁殖一次，春末即可进入繁殖期。

资源价值：因大量猎食昆虫，对人类有益。但有时亦盗食瓜果蔬菜，故在农业地区有一定的危害性。

濒危等级：已被列入《甘肃省重点保护野生动物名录》，已被列入《国家保护的有益的或者有重要经济、科学研究价值的陆生野生动物名录》，《中国生物多样性红色名录》评估等级为LC。

蒙古兔 *Lepus tolai*

分类系统	动物界	脊索动物门	哺乳纲	兔形目	兔科	兔属

形态特征： 体形中等，长约450mm，尾长约90mm。体重一般在2kg以上，为国内野兔最长的种类，其尾背中央有一条长而宽的大黑斑，其边缘及尾腹面毛色纯白，直到尾基。耳中等长，是后足长的83%，前折超过鼻最前端，耳内侧有稀疏的白毛。上门齿沟极浅，齿内几无白色沉淀，吻粗短。全身背部为沙黄色，杂有黑色。头部颜色较深，在鼻部两侧面颊部，各有一圆形浅色毛圈，眼周围有白色窄环。腹毛纯白色。臀部沙灰色。颈下及四肢外侧均为浅棕黄色。尾背面中间为黑褐色，两边白色，尾腹面为纯白色。冬毛长而蓬松，有细长的白色针毛，伸出毛被外方。夏毛色略深，为淡棕色。头骨较大，颅全长约90mm，鼻骨较长。其后部较宽而平直。眶后部较宽大，腭桥短，翼间孔较大。听泡小，仅为枕鼻部长的1/4左右。齿式为2.0.3.3/1.0.2.3=28。齿隙大于上臼齿列之长，上臼齿列长约15mm。上颌具门齿两对，第1对较小，略呈圆柱状，第2对更小，位第1对的后方。下颌具门齿1对，下臼齿列之长远远小于齿隙长度。

分布与生境： 省内见于河西走廊及祁连山地、陇东等地区；国内广泛分布于帕米尔—天山山地、准噶尔盆地、吐鲁番—哈密盆地、河西走廊、阿拉善荒漠、鄂尔多斯高原、内蒙古高原、黄土高原、松辽平原和呼伦贝尔高原，范围包括黑龙江、吉林、辽宁、河北、内蒙古、甘肃、山西、陕西、宁夏及新疆等地区。主要栖息于荒漠、半荒漠平原的梭梭荒漠、琵琶柴半灌木荒漠、猪毛菜荒漠，以及农田绿洲内的林丛、渠岸和休耕地内。在山间谷地内则栖息予沼泽草甸、苇湖、灌丛河漫滩和芨芨草—蒿属草原。蒙古兔在北疆天山山地草原带内的主要栖息地为大片锦鸡儿灌丛草地和杂草石砾坡地。

资源价值： 皮毛可以利用，但质量一般；肉可食用；野生分布区狭窄，但可人工养殖增加其经济价值。

濒危等级： 已被列入《国家保护的有益的或者有重要经济、科学研究价值的陆生野生动物名录》,《中国生物多样性红色名录》评估等级为LC。

听雨 摄

听雨 摄

五趾跳鼠 *Orientallactaga sibirica*

分类系统	动物界	脊索动物门	哺乳纲	啮齿目	跳鼠科	东方五趾跳鼠属

形态特征： 外形似巨泡五趾跳鼠。为跳鼠科中体形最大的一种，成体体长超过130mm。后肢为前肢长的3～4倍。后足5趾，第1、5趾趾端不达其他3趾的基部。尾背方棕黄色，腹方为污白色，末端毛束发达。吻长眼大。耳长大，其长超过或接近颅全长。尾长，末端有黑白长毛组成的毛束、端部毛束发达。体背棕黄色，毛基灰色。由于部分

李启旺 摄

毛有短的黑尖，同时灰色毛基也常显露于外，因而在棕黄底色上常表现出灰色。耳内外侧边缘被有淡沙黄色短毛。颊部及体侧色较淡。腹毛及四肢内侧为纯白色。末端为黑、白色长毛组成的毛束，黑色部分成环状。腹面不被白毛所隔断，其前方有一段的毛及端毛为白色。脑颅宽大而隆起，无明显的嵴。吻部细长。额骨与鼻骨之间有一浅的凹陷。顶间骨大，其宽约为长的二倍。眶下孔极大，呈卵圆形。颧弓较纤细，其后部较前端宽，有一垂直向上的分支，沿眶下孔外缘的后部伸至泪骨附近。门齿孔长，外缘明显外突，末端超过上白齿列前沿的水平线。腭孔一对，与第2上白齿相对。听泡隆起，较巨泡五趾跳鼠的听泡为小，其前端在腹面正中相距较远。下颌骨细长而平直，角突上有一卵圆形小孔。上门齿显著向前倾斜，前方白色，平滑无沟。上白齿列有齿4枚。前白齿1枚，呈圆柱状，大小与第3臼齿相若。第1、2臼齿在上齿列各齿中最大，齿冠结构较为复杂。下门齿齿根极长，其末端在关节突的下方形成很大的突起。无下前白齿，下白齿3枚，由前向后依次变小。

分布与生境： 省内见于环县、靖远、会宁、陇西、定西、永登、天祝、以西至阿克塞等广大地区；国内分布于黑龙江、吉林、辽宁三省的西部，内蒙古，河北，宁夏，陕西北部，青海，新疆。

资源价值： 啃食收草，破坏草场，危害农作物和蔬菜。在疾病方面可以自然感染鼠疫，害处极大。对它们的防治应该是经常性的，除药物毒杀外，可考虑灯光诱杀和保护天敌。

濒危等级：《中国生物多样性红色名录》评估等级为LC。

小家鼠 *Mus musculus*

分类系统	动物界	脊索动物门	哺乳纲	啮齿目	鼠科	小家鼠属

形态特征： 小型鼠类，体长 55～85mm。尾较体长短甚，尾长为体长的 39%～42%，腹毛基白，上体淡沙黄色。尾的长度随个体变异甚大，但却短于体长，鳞不显著，后足较短小，大多不超过 19mm。前足掌垫 5 个，前 3 个形小圆，后 2 个较长大，后足跖垫 6 个，大小几相等，仅内侧最后一个很小。毛色变化甚大，存在着个体和地区差异。

栗纸 摄

栗纸 摄

栗纸 摄

背色灰褐色、暗灰棕色、黑褐色、棕灰色。通常毛基深灰色，上段沙黄色，毛尖淡黑色。体侧及四肢外侧同背色，但稍浅。颏、喉、腹面及四肢内侧纯白色或灰白色沾微黄，如为灰白色则其毛基为灰黑色，如呈现乳黄则其毛基为灰色。毛尖淡黄色。尾上下两色，上面黑褐色、棕褐色，下面为白色、沙黄色。前后肢足背淡黄色。颅骨长椭圆形，颅全长19mm左右，吻部较短，脑颅低平，顶间骨较宽大呈横长方形，成年个体头骨自额骨至顶骨外缘有一条细小纵嵴。眶上嵴不发达。鼻骨前宽后窄。颧弓不十分向外扩展。顶间骨较宽，其宽约为长的3倍。门齿孔较长，其后缘超过第1白齿前缘的连接线。翼内窝较狭窄，听泡小而扁平。下颌骨的喙状突较小。上门齿侧扁，齿面橙黄色，后方有一明显缺刻（个别个体无缺刻）。上颌第1臼齿甚大，齿冠很长，其长度几等于第2、第3上臼齿长的总和。第1、2横棱内侧齿突位置后移，向后弯曲呈新月状。第3横棱内齿突消失，使齿之外、中纵嵴各由3个齿突组成，内纵嵴为2个齿突组成。第2上臼齿之第1横嵴外侧和中间齿突退化，仅有内侧齿突，第2横嵴之外、中、内齿突发育完全，内侧齿突弯曲呈新月形。第3横嵴只有外侧和中间的齿突，内侧齿突消失。第3上臼齿很小，只保留3个不太清楚的齿突，外侧1个，内侧2个。

分布与生境：省内见于卓尼、临潭和长江水系流域县份；国内分布于河北、山东、陕西、山西、内蒙古、宁夏。小家鼠分布广，适应性强，几遍全球。凡人迹所到之处，都有其分布。大部分小家鼠终年生活于建筑物内，部分小家鼠于夏秋季之间可从户内迁移到邻近的田野、山地、荒滩、果园、公园中，秋末则又返回建筑物内。栖息居民区的住宅、仓库、厨房、谷物堆、饲料堆内比较隐蔽的地方，在地板下、天花板上、抽屉内、棉絮、衣物，以及一些杂物堆中筑窝居住，在田野则挖洞营窝。

资源价值：小家鼠对人类危害极其严重。盗食粮食、食品、蔬菜、瓜果，咬坏衣物、家具、器皿、仪器、书画、资料等，咬断电线、电缆，造成停电事故，破坏工业生产。在野外则大肆盗窃作物种子、果实，危害农、林业。同时，小家鼠是鼠疫、野兔热病原体的主要携带者，亦可传播数种蜱传染性斑疹伤害、钩端螺旋体病、丹毒、传染性肝炎、传染性肾炎、脉络丛脑膜炎、李氏杆菌病、旋毛虫病、布鲁氏菌病、副伤寒、狂犬病等多种疾病。对人类健康有很大威胁。

濒危等级：《中国生物多样性红色名录》评估等级为LC。

褐家鼠 *Rattus norvegicus*

分类系统	动物界	脊索动物门	哺乳纲	啮齿目	鼠科	家鼠属

形态特征：体形粗大，体长约为180mm。尾粗短，长约143mm，短于体长。尾环十分明显。耳较短厚，耳壳前折不达眼。后足粗大，其长度大于33mm而短于45mm。乳头6对，其中胸部2对，腹部1对，鼠蹊部3对。褐家鼠的毛色随年龄及栖息环境不同，变化较大，一般为棕褐色或灰褐色。背部特别是背中央杂有全黑之毛，背毛基深灰色，毛尖棕色或褐色。头部毛色较深。四肢外侧毛色同背，但较浅。腹部毛淡灰色略沾乳黄色，毛基灰褐色，毛尖白色。前后肢内侧同腹色。足背白色，尾上下两色，尾背灰褐色，尾腹灰白色，色界十分明显。尾部鳞环清晰，鳞片基部有白和褐色短毛。幼体毛色要较成体深，背毛几近黑褐色，毛尖的棕色部分不十分明显，且较细软。褐家鼠的头骨大而狭长，颅全长为38～40mm。吻较大，鼻骨较长，颧弓粗壮，但不向外伸展。眶上嵴发达，与顶骨颞嵴接连向后延伸至鳞骨，左右两颞嵴平行，其最大宽度约等于顶骨长度。顶间骨的宽度与左右顶骨宽度之和几相等，有别于本属其他鼠种。听泡形小而扁平，且略呈三角形。门齿孔的后缘不超过上颌第1臼齿前缘的连接线。上颌第1臼齿较大，齿冠咀嚼面由三列横嵴组成，第1横嵴外侧齿突不著，几与中央齿突融合，内侧齿突呈圆形。中列横嵴3个齿突均发达，前后凹角几相等，中央齿突内凹角稍锐而大，后列横嵴的外侧齿突与中央齿突相似，前凹角形浅，后凹角缺如，无内侧齿突。第2上臼齿仅为第1上臼齿长度的2/3,前列横嵴仅有内侧齿突，中列横嵴有3齿突，后列横嵴仅见中齿突。第3臼齿最小，其长度仅为第1上臼齿的1/2。前列横嵴仅有内侧齿突，中列横嵴与后列横嵴相连呈"V"字形。下颌臼齿咀嚼面的横嵴存在但不显著。

分布与生境：省内为广布种；国内分布于淮河流域以南，太行山以西，青海、四川、云南、广西，北达宁夏、内蒙古。栖境十分广泛，伴人类居住，举凡住宅、厨房、仓库、畜圈、厕所、阴沟、水道，甚至船舶和荒野、河湖岸边草地、农田、灌丛、林缘均有。挖洞穴居，洞道构复杂。洞口多个，以筑在墙根、地板下面、厕所、仓库处为多。野外褐家鼠有时利用黄鼠等废弃洞穴居住。

资源价值：褐家鼠盗食粮食，咬毁家具、衣物、用品，破坏建筑物、水库堤坝、电缆、鱼及鸡养殖场，有时也咬伤婴儿和病人，危害极为严重，局部地区鼠害成灾，同时传播鼠疫、流行性出血热、蜱传性斑疹伤寒、钩端螺旋体病、丹毒、类丹毒、传染性肝炎、布鲁氏菌病、李斯特菌病、旋毛虫病、狂犬病等自然疫源性疾病病原体及流行性出血热，常给人类带来毁灭性灾难。对于它们的防治应该是经常而有计划的。保护天敌是防治褐家鼠的主要措施之一。

濒危等级：《中国生物多样性红色名录》评估等级为LC。

沙狐 *Vulpes corsac*

分类系统	动物界	脊索动物门	哺乳纲	食肉目	犬科	狐属

形态特征：外形似赤狐但较小，体长500～600mm，重3kg左右。毛色为黄褐色，头骨短不及125mm。耳小，尾亦较短。尾长250～300mm，约为体长的1/2。体毛较短。体色由淡棕到暗棕色。由于额、头顶、体背及尾基毛均为黑褐色，针毛基部近黑色，末端白色，故体色明显带有花白色。吻部灰色沾棕黄色，颊部较暗，耳壳背面深灰棕沾黑色，内面白色，耳后有明显的皮黄色块斑。四肢外侧灰棕色，其内侧和腹下为白色。尾基部毛色与背部相似，末端灰黑色。夏季毛色近于淡红色。吻部较长但不很突出，由中央门齿到眶前孔背缘的距离大于臼齿间宽。眶间距较宽，由于眶后突向上升起显得前额略为凹陷。颞嵴在后部汇合。头骨的特点是眶间较宽，颌骨和颊齿较狐的长，颌骨长而较为狭窄，颧骨较宽。上门齿特长，侧边的小尖极微小，下门齿稍长。上颌第1～3前臼齿和下颌第1～4前臼齿从后边至前部都较长，上裂齿（第4前臼齿）和下裂齿（第1臼齿）不等长，上颌犬齿的长度超过上裂齿与第1臼齿高度相加的总和，齿式与狐相同。

分布与生境：省内见于康乐、和政、临夏、玉门、肃南、阿克塞、碌曲等地；国内分布于内蒙古通辽，呼伦贝尔草原，青海省海晏、祁连、门源、刚察、宁夏回族自治区，新疆维吾尔自治区焉耆、和靖、库尔勒、尉犁、拜城、阿克苏、巴楚、西藏等地。栖息在开阔的荒原和半荒漠地区。一般没有固定的住所，常住于旱獭的废弃洞中。白天隐伏，夜出活动，行动迅速而敏捷。食物包括各种啮齿动物如鼠、鼠兔、野兔和

李启旺 摄

李启旺 摄

各种小鸟，亦食昆虫和野果等，耐饥饿的能力强。

资源价值： 沙狐是荒漠生态系统的重要成员，它们在荒漠中扮演着重要的食物链角色，控制其他生物种群的数量，维持荒漠生态平衡。沙狐的外表可爱，行动敏捷，在荒漠地区观赏沙狐的人们很多。因其独特的生活习性及与环境融合的背景色，沙狐成为人们喜爱的拍摄对象和观赏动物。沙狐的生态习性、适应能力以及对荒漠环境的生存策略具有研究价值，对于了解动物在恶劣环境下的生存机制和进化适应具有重要意义。沙狐的皮毛可以用于毛皮制品，如帽子、手套等，有一定的商业价值。同时，在一些传统医学中，沙狐的部分器官被认为具有药用价值，被用于中草药材。

濒危等级： 已被列入《国家重点保护野生动物名录》，保护等级为二级，已被列入《甘肃省重点保护野生动物名录》，已被列入《甘肃省重点保护野生动物名录》，《中国生物多样性红色名录》评估等级为LC。

大沙鼠 *Rhombomys opimus*

分类系统	动物界	脊索动物门	哺乳纲	啮齿目	鼠科	大沙鼠属

形态特征： 为沙鼠亚科中体形较大的种类。体背浅沙黄色。腹面污白色，微沾黄色。背腹毛基暗灰色。耳较短小，不及后足的1/2，前折不达眼。耳壳前缘列生长毛，耳内侧仅靠顶端被有短毛。尾粗大而长，被密毛，尾后端毛较长，一直伸过尾末端形成笔状的"毛束"。每个上门齿前有2条纵沟。大沙鼠大小与褐家鼠相似，成体体长大于150mm。尾长接近体长。前足4指（趾），拇指（趾）不明显，后足5趾。前肢掌部裸露，后肢跖部被密毛。雌体乳头4对。头和背部中央毛色为淡沙黄色。体侧眼周、两颊和耳后毛色较背淡。背毛基灰色尖沙黄色且杂有少量黑褐色毛。腹部及四肢内侧的毛均为污白沾黄色，毛基部暗灰色，毛尖污白色。尾毛上、下锈红色，较背毛鲜艳。爪强而锐，为暗黑色。头骨粗壮坚实。吻部钝短，后头膨大。鼻骨狭长，其长约为颅全长的1/3。额骨长大，中央表面略凹，有眶上嵴。顶骨短而平扁，有明显的颞嵴，此

峰在顶间骨处折向两侧，顶间骨近似椭圆形。颧弓中央不外突。听泡前外部不与鳞骨颧突相接触。门齿孔狭长，但其后缘不达第1臼齿前缘。每个上门齿的前面有2条纵沟，外侧1条较深，内侧1条较浅。成体臼齿不具根。上臼齿咀嚼面较平坦，第2臼齿有2个齿环，在第3臼齿的内外侧靠近中部处各有一浅的凹陷，将该齿分割成一个后叶。下颌臼齿结构和上臼齿相似，但第3臼齿只有一叶。

分布与生境： 省内见于民勤、永昌、山丹、张掖、金塔、酒泉、嘉峪关、玉门、定西、肃北马鬃山；国内分布于内蒙古、宁夏、新疆。栖息于荒漠及半荒漠中，尤以生长梭梭、白刺的半荒漠生境为多。洞群密集。见于半固定沙丘斜坡下部及长形沙峰，长有盐爪爪和山前冲积及洪积半荒漠中的掌地、干涸水道两旁也有分布。零星分布见于农田地埂（敦煌）沙枣林（安西、金塔）、坟地（山丹、永昌）。

资源价值： 大沙鼠在地下挖掘洞道又采食地面植物，对改造沙漠及固沙影响甚大。在农区盗食粮食，破坏水利设施，造成粮食严重损失和水土流失。同时大沙鼠又是多种自然疫源性疾病（如鼠疫、皮肤利什曼病、李斯特菌病、蜱媒回归热、Q热、黄疸性钩端螺旋体病等）病原体的自然携带者，特别是鼠疫和皮肤利什曼原虫病，对人类健康危害很大。

濒危等级：《中国生物多样性红色名录》评估等级为LC。

鹅喉羚 *Gazella subgutturosa*

分类系统	动物界	脊索动物门	哺乳纲	鲸偶蹄目	牛科	羚羊属

形态特征：体形纤瘦，大小中等。角较短而直，略向后弯，角尖则稍向内上弯，角具粗形横棱，棱距较宽。体色红棕色。成兽体长超过1100mm，肩高700mm。肢细蹄狭。鼠蹊腺发达。有眶下腺和腕腺，但不发达。无脸纹及侧纹。雄兽有角但较短直；角初升起时几乎平行，随后逐渐分开，略向后弯，角尖稍向内上弯；角尖距44～77mm，角面横棱较粗，间隔较宽，角长200mm，表面棕灰色，不透明。夏毛红棕色。腰及后臀部毛色较淡，吻鼻部呈棕色。四肢前面赭黄色，下段棕色。耳壳背面毛短且与体背同色，内面为白色。颌、上喉、腹部及四肢内面均为白色。此白色延至臀部尾基两侧，形成较小的白色臀斑。其中央具一狭窄的棕色条纹，上与背部下连尾部棕色。尾背深棕色，腹面较淡。冬毛色较浅沾淡红棕色且杂白色长毛。臀斑白色较著。腰部灰白沾粉红色。头骨狭长，额部低平。额骨与鼻骨相连处向上隆起，与额部处同一水平面，眼眶后缘稍隆起。听泡小。吻部较长，鼻骨狭而后端钝前端尖，泪骨狭长，两端宽中央细，似哑铃状。泪窝不著。鼻骨后侧缘与泪骨背缘不相接，中间有一条狭缝，致使上颌骨之背缘与额骨前端不连接，前颌骨后背端与鼻骨距较近，但不相连。牙齿上颌门齿和犬齿均缺，下颌门齿和犬齿集中前端中间门齿大，犬齿小。前白齿之外侧纵柱不发达，但在白齿则较著，形成显著的齿柱。

分布与生境： 省内见于东自环县，西及山丹、肃北等地；国内分布于黑龙江、吉林、辽宁、河北、山西、内蒙古、宁夏、陕西。鹅喉羚多栖息在平原丘陵地的草原、草甸地带和低山荒漠、半荒漠草原。完全植食性。常在莎草科或针茅与芨芨草群落为主的草原上活动。随季节变化，做不太长距离的逐水草迁移。夏季常集成10余只或数十只的小群在水草丰盛地区活动。遇敌先凝视，然后迅速奔跑，至一定距离后，复又站住，回头注视，发觉有疑虑时，即迅速奔驰而去。常以每小时90km的速度疾驰。一天中活动时间长短和取食范围大小，与水草多寡有关。夏季多在晨昏觅食，中午炎热时伏卧于山谷灌丛憩息。冬季开阔草原被雪覆盖时逐渐南迁至省境原栖地稍南的山麓草原觅食。

资源价值： 鹅喉羚是草原生态系统的重要组成部分，作为草食性动物，有利于维持草原植被的平衡和稳定。它们在食物链中居于重要位置，对生态系统的功能和结构起着关键作用。作为一种珍稀的野生动物，鹅喉羚拥有独特的优雅形象和动人的行为，吸引了许多游客和野生动物爱好者前来观赏和拍摄。因此，鹅喉羚也有重要的观赏价值，可以促进当地旅游业的发展。鹅喉羚的羚皮具有一定的经济价值，可用于制作高档皮革制品，如皮衣、鞋靴等。传统的皮革加工业对鹅喉羚的皮毛有需求，因此可以作为当地经济的一种资源来源。

濒危等级： 已被列入《国家重点保护野生动物名录》，保护等级为二级，《中国生物多样性红色名录》评估等级为VU。

参考文献

包新康，廖继承，张立勋. 河西走廊常见脊椎动物图册 [M]. 兰州：兰州大学出版社，2014.

陈灵芝. 中国植物区系与植被地理 [M]. 北京：科学出版社，2015.

甘肃省人民政府. 甘肃省人民政府关于公布甘肃省重点保护野生植物名录的通知（甘政发〔2024〕33 号）[EB/OL]. [2024-06-25]. https://www.gansu.gov.cn/gsszzf/c100054/202406/173939945.shtml

甘肃省人民政府. 甘肃省重点保护野生动物名录（第三批）（《甘肃省人民政府关于公布〈甘肃省重点保护野生动物名录（第三批）〉的通知》甘政发〔2024〕32 号）[EB/OL]. [2024-06-25]. https://www.gansu.gov.cn/gsszzf/c100054/202406/173939896.shtml

甘肃省人民政府关于公布甘肃省重点保护野生动物名录. 甘肃植物志编辑委员会. 甘肃植物志（第二卷）[M]. 兰州：甘肃科学技术出版社，2005.

国家林业和草原局，农业农村部. 国家林业和草原局农业农村部公告（2021 年第 15 号）（国家重点保护野生植物名录）[EB/OL]. （2021-09-08）[2021-10-01]. http://www.forestry.gov.cn/main/5461/20210908/162515850572900.html.

国家林业和草原局，农业农村部. 国家重点保护野生动物名录（国家林业和草原局农业农村部公告 2021 年第 3 号（国家重点保护野生动物名录））[EB/OL].(2021-01-04) [2021-02-01]. https://www.forestry.gov.cn/main/5461/20210205/122418860831352.html

黄大燊. 甘肃植被 [M]. 兰州：甘肃科学技术出版社，2005.

廖继承，包新康，张立勋. 甘肃脊椎动物检索表 [M]. 兰州：兰州大学出版社，2014.

生态环境部，中国科学院. 关于发布《中国生物多样性红色名录—脊椎动物卷（2020）》和《中国生物多样性红色名录—高等植物卷（2020）》的公告 [EB/OL]. （2013-09-02）[2023-05-09]. https://www.mee.gov.cn/xxgk2018/xxgk/xxgk01/202305/t20230522_1030745.html.

王香亭. 甘肃脊椎动物志 [M]. 兰州：甘肃科学技术出版社，1991.

姚树冉. 甘肃省民勤荒漠地区种子植物区系及其与植被的相关性的研究 [D]. 兰州：兰州大学，2015.

中国动物志编辑委员会. 中国动物志 [M]. 北京：科学出版社，1985–2006.

中国环境与发展国际合作委员会生物多样性工作组，中国鸟类野外手册 [M]. 长沙：湖南教育出版社，2000.

中国科学院植物志编辑委员会. 中国植物志 [M]. 北京：科学出版社，1959–2004.

中国生物物种名录：2024 年版 [EB/OL]. [2024-6-01].http://www.sp2000.org.cn/.

Joint Editorial Committee of Flora of China. Flora of China [M]. Beijing & St Louis: Science Press and Missouri Botanical Garden Press, 1994–2013.

中文名索引

学名索引